U0247173

The 119
Greatest Events
in the History
of Human
Space Exploration

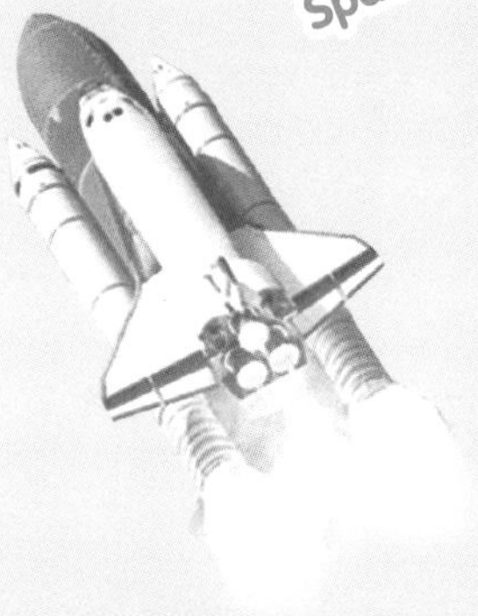

人类昂首奔赴太空的119个伟大瞬间

路甬祥 主编
刘进军 著

全国优秀出版社
浙江少年儿童出版社
· 杭州 ·

目录
CONTENTS

◀ 运载火箭发射空天飞机。

↑ 卫星天线。

◀ 世界第一部科幻电影《月球旅行记》截图。

↑宇航员。

← 美国首次太空行走，宇航员怀特手持太空"喷气枪"。

↑ "阿波罗"载人
登月计划徽章。

欧洲太空旅游飞机。

➡ 中国宇航员。

⬇ 卫星照片：太平洋风暴与风暴眼。

◀"地球兄弟"，你在哪儿？

↑ 宇航英雄

主 编：路甬祥

原中国科学院院长

中国科学院院士

中国工程院院士

第十届、十一届全国人大常委会副委员长

　　《人类昂首奔赴太空的 119 个伟大瞬间》是《科学改变人类生活的 119 个伟大瞬间》的姊妹篇。

　　《科学改变人类生活的 119 个伟大瞬间》出版一年多来，受到广大读者，特别是少年儿童读者的欢迎，成为国内科普读物中的畅销书，还以"关注儿童成长又激发创造活力"的评价入选 2013 年度"大众喜爱的 50 种图书"。有趣和有益，这是优秀儿童科普书必备的特点，也是《科学改变人类生活的 119 个瞬间》努力体现的特色。在这本书取得成功的基础上，浙江少年儿童出版社精心打造《人类昂首奔赴太空的 119 个伟大瞬间》，还计划陆续推出《人类阔步迈向海洋的 119 个伟大瞬间》、《人类发现地理之美的119个精彩瞬间》等系列丛书。这些工作很有意义。

　　我十分赞赏出版社和作者们做出的努力，也乐意应邀担任全套"119系列"儿童科普读物的主编。少年儿童是祖国的未来，承载着中国科技创新的明天。科学探索和技术创新如同永无止境的接力赛，需要一代又一代人持续不懈地求索、创造。我作为一名老科技工作者，能为培育少年儿童对现代科技的兴趣，激发他们的创造兴趣和热情，为普及科学知识、弘扬科学精神、传播科学方法贡献自己的一份力量，感到十分欣慰。

我审读了《人类昂首奔赴太空的119个伟大瞬间》书稿，觉得这本书从选题内容、文字插图、结构篇幅而言，都可以说是《科学改变人类生活的119个伟大瞬间》很好的姊妹篇。二者的不同之处在于，《科学改变人类生活的119个伟大瞬间》是《钱江晚报》科教部集体编著的结晶，《人类昂首奔赴太空的119个伟大瞬间》则是刘进军同志献给孩子们的俯身力作。他长期从事航天领域的研究，是一位丰产的科普作家。

航天、太空探索、星际旅行，展示了人类无限的想象力和创造力，展现了人类探索宇宙奥秘的智慧和勇气。《人类昂首奔赴太空的119个伟大瞬间》图文并茂地讲述了许多惊心动魄的航天故事，描述了人类探索太空的重要事件，赞扬了航天先驱们无所畏惧、永无止境的探索精神和尊重规律、勇于创新的科学精神。这本书不仅展现了航天科技探索自然的科学价值，而且展现了在对地观察、全球定位、卫星通讯与广播、空间天文、气象预报、地质海洋、生态环境、生物农业、材料科学等诸多领域不可替代的应用价值，展示了航天领域的国际竞争合作和中国独立自主发展航天的成就等。可以说，这本书内容丰富，视野开阔，既能带给孩子们知识，又能引起孩子们思索。

航天先驱们的故事照耀星空，能激发少年儿童读者的科学兴趣，点燃他们的思想火花，启迪他们的人生梦想。人类航天实践已经历 50 多年，未来的目标将更加宏伟。太空旅游、捕获小行星、登陆火星、冲出太阳系，空天飞机、太空太阳能电站、太空科学实验室……空间技术的创新与和平利用，将在更多的领域造福于全人类。航天是全人类的事业。只要树立为祖国、为人类做贡献的崇高理想，拥有展望世界、展望太空、展望未来的广阔胸怀，爱读书、爱航天、爱科学，勇于探索、勇于创造、勇于坚持，相信今天的少年儿童读者们都可能成为航天史、科学史、创新创业史上的新传奇！

2014 年 7 月

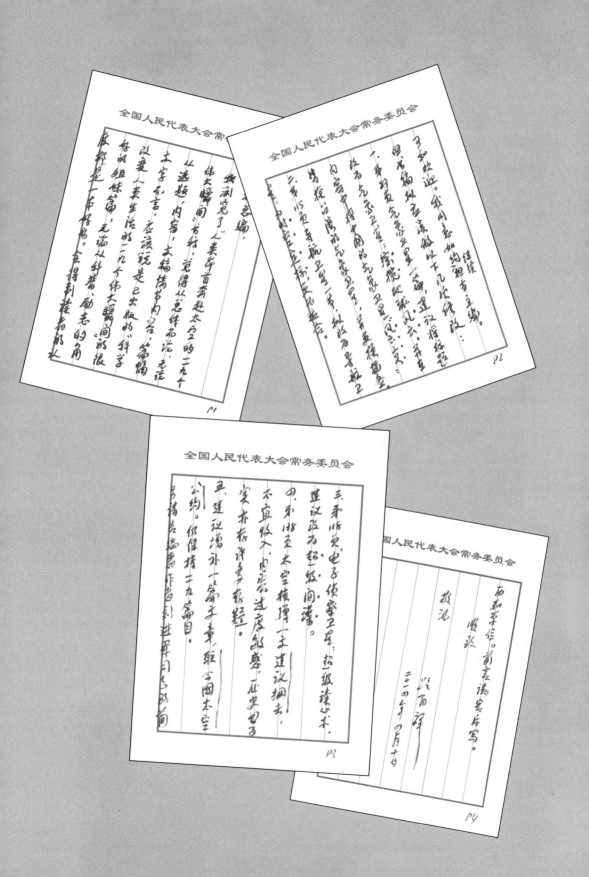

（P1）某某主编：

审阅览了《……类英雄首奔赴太空》的……伟大瞬间……从选题、内容、布料、党得以……体而论，先进主、字前言。在……说是已出版的科学改变人类生活的……九大伟大瞬间……很各种姐妹篇，无端从科普、励志有那火……是一件……

（P2）……继续审查意见：

……

（P3）三、本书涉及电子侦察卫星……一级保密术……建议改为初级间谍。……第178页本字按理一主建议拥护，不宜收入，内容进步邱盛……实亦在许多轻轻。五、建议增补一第十章。班宇阳本字……公约。但保持二十九篇目。……特告编书作者刊进评同志供前

（P4）……西和平作。前言请案后写。

顺致
敬礼

某某洋
二〇〇年〇月十日

万户飞天：
第一个盗梦空间

001

（1500）

　　万户是中国明朝人，也是世界上第一个利用火箭进行飞行的人。不论是好奇还是冲动，他以生命为代价，向神秘的太空发起了第一次冲锋。万户飞天的壮举充满激情，也拉开了人类探索太空的序幕。

↑ 失重状态下的长发。

　　人类是地球上最有想象力的生物。自古以来，人类就梦想着飞上太空。中国人想象着月球上有能歌善舞的嫦娥和芬芳四溢的桂花树，而齐天大圣孙悟空，一个筋斗就是十万八千里，还大闹天宫……太空好像一幅优美的画卷。

　　其实，地球以外的空间都是太空，非常辽阔，却是真空的世界。那里没有光，非常黑暗；没有空气，也就没有风，甚至没有声音。真空的世界会让一切变得不可思议，但又奇妙有趣。

　　太空中没有地球引力。随着高度增加，地球引力越来越小，直至为零。没有引力，也就没有重量，处于失重状态。没有引力，空气就不能停留和存在。没有空气就没有摩擦，没

中国明朝的万户，在一把椅子周围装上 47 支火箭，他坐在椅子上两手各拿一只大风筝作为翅膀，想利用风筝产生升力，并借助火箭的力量把自己推向空中。当仆人将 47 支火箭同时点燃，在一阵爆炸声中，万户化为碎片，却流芳千古，因为他进行了人类历史上第一次载人飞天的伟大试验——万户飞天。

有摩擦就没有阻力，没有阻力航天器就可以飞得很快。在失重状态下，宇航员会不由自主地飘浮起来，任何东西都会飘浮起来。这将引起身体平衡失调、视觉扭曲、味觉和嗅觉不灵。

太空中温度极低。太空处于真空状态，不能传导热量，所以天体受太阳照射才会有热度，比如：白天，月球上的温度很高，赤道处中午127℃；晚上，月球表面会变得很冷，最低达 −183℃。

太空中没有声音。因为没有空气，所以不能传播声音，非常寂静。宇航员出舱进行太空行走或修理空间站，如果不戴耳机和通话系统，就只能打哑语。虽然没有空气，但还是能传输无线电、激光和红外线。

太空中没有方向。在太空，任何方向都可以认为是上下左右，结果许多在地面训练优秀的宇航员，到太空后分不清方向。为了有方向感，宇航员便在舱壁上悬挂画像、风景画等。

太空中没有时间。地球上"日出而作，日落而息"的生活习惯，在太空中一点也不适用。如果围绕地球附近飞行，每天要经过16次日升日落。每天24小时的时间概念，因此变得毫无意义。

你知道太空的气味吗？它好像煎牛排的气味，又好像金属加热后的气味，还像焊接钢铁的气味。一位美国宇航员说：太空的气味，是一种甜丝丝、令人愉快的金属味。这是一种地球上没有的气味，不管谁闻过，都会永生难忘。

　　在太空中飞行，航天器和宇航员要遭受空间天气的考验。空间天气主要包括：空间辐射、高层大气、电离层和空间碎片四大危险。如太阳风暴、电离层骚扰、地磁风暴、太阳高能粒子、日冕抛射、太阳耀斑加速等，会直接危害航天器和宇航员的安全。

　　由于真空中没有空气，压力为零，各种太空病和空间辐射很严重，许多宇航员会患上太空病。它和晕船、晕车相似，都会引起恶心、呕吐、眩晕、头痛、嗜睡和整体不适，无精打采。如果宇航员在真空下暴露几分钟，空间辐射就可能造成永久性伤害。

　　为了在太空中飞行，科学家为宇宙飞船、航天飞机和空间站人工制造空气、压力、湿度和温度，仿真地球环境。宇航员穿着特制的宇航服，就能在太空中生活和工作。

从万户飞天，到人类航天，它需要勇气、智慧和科学。

开普勒：
太空立法者
（1571.12.27）

自古以来，人类一直梦想进入太空，可打开太空大门的钥匙在何方？人类苦苦寻找。伟大科学先驱开普勒提出行星运动三定律，奠定了天文学的基础，指明了天体力学的方向，对人类探索宇宙产生了重大而深远的影响。

1571 年 12 月 27 日，开普勒出生于德国斯图加特。他曾在奥地利一神学院教授数学和天文学，后应第谷·布拉赫邀请，到布拉格天文台工作，观测到一颗超新星，后称"开普勒超新星"。

在天文研究中，开普勒发现古代天文学家和老师布拉赫的大多数天文星图、天观测和理论都是唯心的、错误的和荒谬的。

⬆ 开普勒（1571–1630），德国天文学家、物理学家、数学家。

1596 年，开普勒出版了《神圣的宇宙奥秘》一书，开始了宇宙学的探索。他挑战公认的亚里士多德和托勒密的"地心说"理论和地心模型，支持哥白尼的"日心说"理论，是继哥白尼之后第一个站出来捍卫太阳中心说、奠定天文学基础的科学家。

老师布拉赫逝世后，开普勒总结他的观测资料，在 1609 年发表了伟大的科学著作《新天文学》，提出两个行星运动定律。

行星运动第一定律认为：每颗行星都在一个椭圆轨道上绕太阳运转，而太阳位于这个椭圆轨道的一个焦点上。

行星运动第二定律认为：行星运行离太阳越近，速度就越快。行星的速度以这样的方式变化。

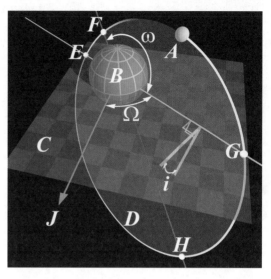

↑ 轨道力学原理图。

科学就是追求真实。1618 年，开普勒发表了行星运动第三定律：行星距离太阳越远，速度就越慢，运行周期就越长。这是开普勒第一次准确描述椭圆轨道和行星围绕太阳运动的规律，简单而精确地推算出行星的运动，基本上建立了科学的天体力学。

科学就是追求完美。根据当时哥白尼的天文学理论，行星轨道都是正圆形的。开普勒第一个进行火星轨道的详细计算，认为大多数行星轨道都是椭圆形，并推断那些远离太阳的其他天体，也运行在椭圆轨道上。

科学就是追求真理。开普勒的行星运动定律，引起其他天文学家的质疑和反对。几十年后，科学巨人牛顿用微积分和几何方法证明：根据一定的理想条件，开普勒的行星运动定律完全正确。最终，开普勒的行星运动定律成为现代天文学和天文物理学的基础和重要部分。

科学是在探索、实验、分析甚至论战中诞生的。1619 年，开普勒的《和谐的宇宙》一书出版，以数学的和谐性探索宇宙，为天文学做出了巨大贡献。

↑探索宇宙的自然规律。

　　而开普勒望远镜、开普勒定律和开普勒猜想，不仅给数学、天文学打开了一扇科学之窗，也打开了一个真实的和想象的宇宙空间。牛顿在描述自己科学成就时说："如果说我比别人看得远些，那是因为我站在巨人的肩膀上。"开普勒无疑是站得最高的巨人，他为后来的人造卫星、宇宙飞船、航天飞机、探测器和空间站等航天器的太空飞行指明了方向，科学史家和航天学家称他为"太空立法者"。

牛顿预言：
人类将飞向太空
（1643.1.4）

　　牛顿最伟大的发现，是万有引力定律和三大运动定律。它们为创立天体力学做出了巨大贡献，也为人类航天奠定了理论基础，指明了方向。牛顿的伟大学说不仅提高了人们对自然科学的认识，更唤醒了人们对科学与真理的追求。

　　1666年秋天的一个傍晚，据说在英格兰林肯郡乌尔斯索普，牛顿正坐在一棵苹果树下埋头读书。突然，一只历史上最著名、最具伟大意义的苹果落下来，打在23岁的牛顿头上。

↑牛顿（1643-1727），英国物理学家、数学家与天文学家。他发现了万有引力定律，建立了经典力学的基本体系。

　　苹果落地是自然现象，从没人想过为什么。牛顿却想：为什么苹果只往下落，不往上飞，也不往左右去？是苹果吸引地球，还是地球吸引苹果？

　　当时，牛顿正苦苦思索一个问题：为

23

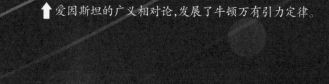

爱因斯坦的广义相对论,发展了牛顿万有引力定律。

什么月球环绕地球的轨道运行?为什么行星会环绕太阳的轨道运行?苹果落地让牛顿茅塞顿开:地球又大又重,苹果又小又轻,是不是大的地球把小的苹果吸引到地面上的?这个现象是偶然还是必然?牛顿经过仔细观察、研究、计算,得出一个正确结论:哦,有一种力量,是地球的引力把苹果吸引到了地面上!

正是从思考这一问题开始,牛顿发现了宇宙中最基本的法则——万有引力定律:任何物体之间都有相互吸引力。这个力的大小与各个物体的质量成正比,而与它们之间距离的平方成反比。

牛顿自豪地确定:地球上与太空中的物体运动适应同一自然法则——万有引力。他证明了开普勒的行星运动定律和他的万有引力

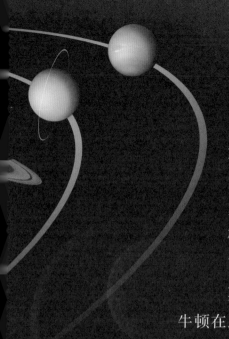

定律之间的一致性。根据万有引力定律，法国天文学家勒维耶成功地预言并发现了海王星。万有引力定律出现后，科学家才正式把研究天体运动建立在力学理论的基础上，从而创立了天体力学，为火箭理论、人类航天奠定了基础。

牛顿在总结前人（特别是伽利略）工作的基础上，1687 年出版了《自然哲学的数学原理》一书，首次通过三大运动定律,解释力量的来源、作用和力量之间的关系。

第一运动定律：也叫"惯性定律"，即任何物体在不受外力的作用时，都保持原有的运动状态不变。

第二运动定律：任何物体在外力作用下，其动量随时间的变化率与其所受的外力成正比，并与外力同方向。

第三运动定律：也叫"作用与反作用定律"，即当物体甲给物体乙一个作用力时，物体乙必然同时给物体甲一个反作用力，作用力与反作用力大小相等，方向相反，而且在同一直线上。

根据三大运动定律，牛顿同时提出人造天体的概念：当一个物体加速到一定速度可以自由移动，环绕地球沿着一个封闭的轨道飞行……增加速度，人工天体进入太空，并继续运动……它可能永远不会坠落到地球上。

根据第三运动定律，牛顿预言——人类将飞向太空。

齐奥尔科夫斯基：
叩开太空大门
（1857.9.17）

　　人类飞向太空，或将卫星等航天器送上太空，必须克服两大障碍：地球引力和空气阻力。如何克服两大障碍呢？正是齐奥尔科夫斯基的火箭理论，为人类叩开了太空大门。由于对人类航天做出杰出贡献，齐奥尔科夫斯基被誉为航天理论奠基人。

↑ 齐奥尔科夫斯基（1857-1935），苏联科学家，现代火箭理论奠基人。

　　1857 年 9 月 17 日，在俄罗斯一位林业官员的家里，诞生了一个瘦弱的男婴。他就是后来的航天理论奠基人——康斯坦丁·齐奥尔科夫斯基。

　　九岁时，齐奥尔科夫斯基不幸患上一种怪病——猩红热，几乎完全丧失听力。由于听力问题，学校都不愿意接纳他。

　　1873 年，齐奥尔科夫斯基来到莫斯科，在图书馆自学高等数学、天文学、物理学和机械学等课程，并先后在小学、中学、大学任教。

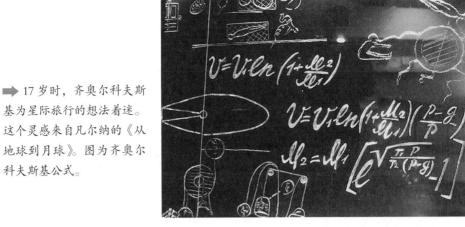

➡ 17 岁时，齐奥尔科夫斯基为星际旅行的想法着迷。这个灵感来自凡尔纳的《从地球到月球》。图为齐奥尔科夫斯基公式。

意志和智慧的结晶是成功。齐奥尔科夫斯基倾尽全部精力和时间，研究飞艇、飞机、火箭技术与星际航行的科学理论。由于他的思想大大超前，不少人无法理解，便称齐奥尔科夫斯基为"聋子幻想家"。

1903 年，齐奥尔科夫斯基发表了《利用喷气工具研究宇宙空间》一文，阐明火箭飞行理论，论述采用火箭作为星际交通工具的可能性，并提出齐奥尔科夫斯基公式，绘出液体燃料火箭原理图。

齐奥尔科夫斯基最伟大的贡献，是多级火箭理论。他认为火箭分为多级，在多次加速后，可达到脱离地球引力的速度。这一富有创见的设想，为研制克服地球引力的运载火箭提供了依据。

⬆ 1926 年，齐奥尔科夫斯基提出了 16 个空间探索方式和目标，如火箭飞机、太空飞行、大型空间站、环绕地球旅行、移民行星和银河系等。其最终目标是：人类移民太空。

⬆ 苏联"暴风雪"号航天飞机突破地球引力。

⬆ 俄罗斯"联盟"号火箭发射。

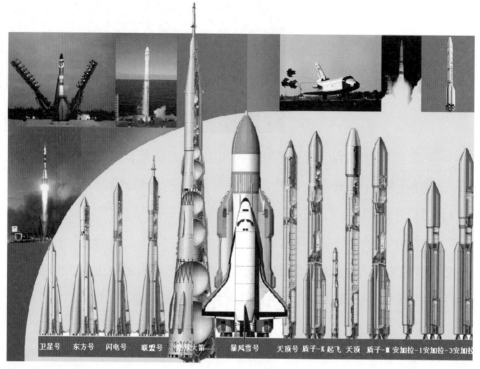

| 卫星号 | 东方号 | 闪电号 | 联盟号 | N-1运载火箭 | 暴风雪号 | 天顶号 | 质子-K | 起飞 | 天顶 | 质子-M | 安加拉-1 | 安加拉-3 | 安加拉 |

⬆ 苏俄的各种运载火箭。

从幻想到科学，齐奥尔科夫斯基为人类描绘了一个太空探索图：从人造卫星开始，建设空间站，进入行星际和行星，最终建立人类的太空城。

1935年9月19日，齐奥尔科夫斯基病逝。他没有看见苏联第一颗卫星上天，也没有看见人类登陆月球，更没有看见空间探测器飞出太阳系，但时间证实了齐奥尔科夫斯基的伟大预言。

为了表达崇高的敬意，苏联在齐奥尔科夫斯基的墓前矗立起一座高大的纪念碑，上面铭刻着他的名言：地球是人类的摇篮，但人类不应总是生活在摇篮里。人类将会不断争取新的生存空间与世界，起初是小心翼翼地飞出地球大气层，然后探索整个太阳系。

卡门线：
太空起跑线
（1881.5.11）

005

　　哪里是天空？哪里是太空？自古以来，天空与太空没有分界线，困扰着许多科学家。冯·卡门用科学方法确定了天空与太空的分界线，并科学地定义了天空与太空、航空与航天的概念。从此，卡门线被誉为太空起跑线。

　　1881年5月11日，冯·卡门出身于当时奥匈帝国的一个匈牙利犹太家庭。他毕业于布达佩斯皇家理工综合大学，是德国格丁根大学哲学博士。

⬆ 冯·卡门（1881-1963），美籍匈牙利力学家和航天工程学家，以研究"卡门涡街"而著名，被公认为世界超音速之父。

　　冯·卡门做过普朗特的助手，后任亚琛航空学院院长，主持空气动力学研究。1930年赴美，曾任加利福尼亚大学古根海姆航空研究所所长，并创建了美国航空科学院、北大西洋条约国家航空研究与发展咨询部、冯·卡门流体动力学研究院。

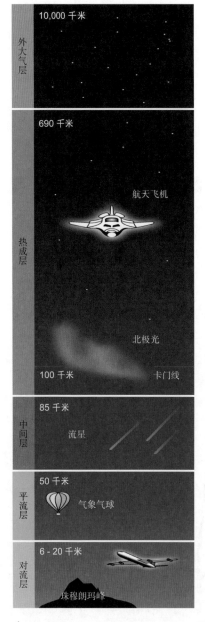

冯·卡门认为：天空——地球海拔100千米以下的空间为天空，太空——地球海拔100千米以上的空间为太空。

冯·卡门的科学贡献很多，其中一项便是定义基于空气动力学和空间动力学的卡门线。

对天空与太空，地球物理学家没有明确的界限，而航空学家和航天学家都需要确定天空的终点或太空的起点，因此关于天空与太空的争论由来已久。可天空与太空的分界不但是科学问题，还关系到领空、国家主权、法律等国家利益问题，连联合国都感到十分头痛。

冯·卡门从空气动力学的角度定义天空的意义。他首先进行海拔高度计算，认为航空器进入100千米高度的空间，地球大气层的空气变得太薄，没有任何航空器能在此高度从大气中获得足够的自身气动升力，进入高速飞行。此外，由于大气温度和太阳辐射的突然增加和互动，航空器也不可能实现航空飞行。可见，海拔100千米高度为航空器的极限。

冯·卡门又从空间动力学的角度定义太空的意义。他用轨道速度、轨道高度以及物理关系定义太空和太空宇航：海拔100千米高度是航空器的最高极限，也是航天器飞行的最低极限，所以天空与太空的分界线应该以海拔100千米为标准。

位于瑞士日内瓦的国际航空联合会支持冯·卡门的科学论证，并以冯·卡门的名字命名天空与太空分界线以及太空的起点线为——卡门线。卡门线的定义受到全世界大多数国家和科学家的赞同，解析了许多航空航天领域的复杂疑问，但也受到许多中小国家的反对。

↑冲出卡门线——航天飞行。

卡门线，还定义了航空与航天的概念：航空——天空飞行，在地球海拔 100 千米以下空间的飞行活动，所有在天空飞行的飞行器称为航空器；航天——太空运行，超过地球海拔 100 千米以上空间的太空运行，所有在太空飞行的飞行器称为航天器。

冯·卡门的老师是德国物理学家、力学家普朗特。冯·卡门自己也桃李满天下：世界上几百位著名火箭专家都是他的学生，其中包括中国航天之父钱学森。早在 1960 年，美国喷气推进实验室主任皮克林便说："如果没有冯·卡门，我们就不会有一个航空航天科学。"

↓在自然法则面前，人类永远渺小

赫尔曼·奥伯特：奠定火箭理论

（1894.6.25）

他是一名医生，即使没有博士头衔，也要研究火箭。赫尔曼·奥伯特首先提出空间火箭点火公式和脱离地球引力的方法，并建立一整套完整的火箭理论，对人类航天作出精彩的设想和预言。他与齐奥尔科夫斯基、戈达德齐名，是世界公认的三位宇航学、火箭学先驱之一。

1894年6月25日，赫尔曼·奥伯特生于当时的奥匈帝国，现在的罗马尼亚锡比乌塔特。从小，他就迷恋凡尔纳的科幻小说《从地球到月球》，14岁时建造了第一个火箭模型，并具有独立的多级火箭概念。

1912年，奥伯特到德国慕尼黑学医。第一次世界大战爆发后，他被编入德国帝国陆军，送到东部战线俄罗斯战场，后被转移到奥匈帝国特兰西瓦尼亚医院。业余时间，他专注于宇航基础理论的研究，进行了一系列火箭设计

TIPS

赫尔曼·奥伯特（1894–1989），第一个提出空间火箭点火理论公式，人称"德国火箭之父"。

和试验。1917 年底，他向普鲁士战争部长赫尔曼·冯·斯坦展示了自己的研究，即利用液体推进剂进行火箭发射，结果被称为"骑火箭的旅行家"。

1922 年，奥伯特提出空间火箭点火公式和脱离地球引力的方法。这篇科学博士学位论文寄到慕尼黑大学，却被教授们否定了。1923 年，奥伯特将之前的 92 页论文改名为《飞往星际空

↑空间飞行是奥伯特的梦想。1929 年，奥伯特出版了《通向太空之路》一书。

间的火箭》，在德国出版。他提出空间火箭点火理论公式，并用数学方法阐明火箭脱离地球引力的方法和速度，为宇宙航行打下理论基础。奥伯特对多级空间运载工具的火箭推力作了重要的数学论证，并对未来的液体燃料火箭、人造卫星、宇宙飞船以及宇宙空间站等作了精彩的设想和预言。这本书立刻在德国引起极大轰动，激发了许多德国青年对宇宙旅行的憧憬。

1923 年 5 月 23 日，奥伯特终于被罗马尼亚克卢日大学授予火箭学博士学位。此后，世界上少了一名医生，多了一位火箭理论家。1927 年，奥伯特主持成立了世界上第一个太空旅行协会——德国空间旅行学会，出版了名为《火箭》的刊物。

◀火箭与空间飞行的梦想和理想。

1929 年秋天，36 岁的奥伯特进行了他的第一枚液体火箭发动机的静态发射。帮助他做这个实验的，是一名 18 岁的学生——冯·布劳恩。当时谁也想不到，冯·布劳恩在 20 世纪 40 年代会成为德国和美国的火箭工程师，并最终建造出世界上最大的"土星 –5"号运载火箭，让人类踏上月球。

1945 年，第二次世界大战结束，奥伯特在德国出版《太空人》一书，描述他的空间思想：反射望远镜、空间站、电动太空船和太空服。冯·布劳恩评价道：奥伯特从星际飞行的可能性出发，得出他的简单规则，并将研究课题和抽象概念转化为数学计算。他让我第一次接触火箭、太空旅行的理论和实践。他的开创性和贡献的荣誉，应保留在航天科技史上。

1989 年 12 月 28 日，奥伯特撒手人寰，享年 95 岁。他比另外两位航天先驱齐奥尔科夫斯基和戈达德出生晚且寿命长，几乎目睹了 20 世纪人类航天事业发展的全过程，见证了每一个历史时刻：第一枚运载火箭升空、人造卫星发射、载人太空飞行、人类踏上月球。奥伯特没有遗憾，他的火箭与空间飞行的梦想和理想都已实现。

吉洪拉沃夫：
太空时代的无冕之王
（1900.7.29）

　　那是一个梦想澎湃、激情燃烧的年代。西方人，包括苏联人都没听说过他，甚至压根儿不知道他的存在。他是苏联航天器设计和火箭技术的先驱，用智慧照亮太空时代的前程，号称苏联卫星之父、探月之父。如果没有他，苏联不会第一个进入太空时代。他就是——吉洪拉沃夫。

　　. 1933 年 8 月 17 日，在莫斯科郊外，一枚又细又短的火箭点火发射，带着蓝色火焰呼啸着飞上天空。这就是吉洪拉沃夫主导设计的苏联第一枚液体火箭，具有划时代的意义。

　　遗憾的是，吉洪拉沃夫并没有亲自见证这一伟大时刻。那天，吉洪拉沃夫为科罗廖夫等人送行时收到一封电报，上面只有四个字——考试合格。吉

↑ 吉洪拉沃夫（1900-1974），苏联火箭专家、国际宇航科学院通讯院士，曾参加人造卫星、载人宇宙飞船、行星和行星际探测器研制。

洪拉沃夫知道火箭发射成功，赶回来只看到火箭发射后留下的残骸，当时甚至没拍下一张火箭发射的照片。

在空军学院就读时，吉洪拉沃夫喜欢上齐奥尔科夫斯基的火箭理论。1927年，他和20岁的科罗廖夫相识于滑翔机比赛。

吉洪拉沃夫甚至创造了一个俄语单词——宇航员，并成为全世界宇航局使用的称呼。

第二次世界大战爆发后，吉洪拉沃夫开始多级火箭的设计。他参与研制了著名的"喀秋莎"火箭炮，并研究火箭飞机。通过研究德国著名的"V-2"火箭残骸，他发现了"V-2"火箭的秘密，因而完全改变了苏联火箭的发展速度和历史。

吉洪拉沃夫最大的激情，是在空间探索领域。由于斯大林对火箭和导弹很感兴趣，对宇宙航行不感兴趣，1950年吉洪拉沃夫提出发射人造卫星，不但没得到表扬，还被降职，而且被命令不得参加设计。吉洪拉沃夫并没有放弃，一直从事洲际弹道导弹包括"P-7"火箭研究，同时秘密研究人造卫星。

1954年5月，科罗廖夫致函苏联政府，希望批准设计和建造人造卫星。他附上吉洪拉沃夫的研究成果，几种重量达300～1000多千克的卫星。当时还没太空概念的苏联领导人认为人造卫星重量太大，火箭推力不够，成功的可能性很小，迟迟不予批准。

科罗廖夫跺脚抱怨时，吉洪拉沃夫突然提出造"最简单的卫星"，就是把卫星造得小一点，重量更轻，也更简单，30千克左右，甚至更轻……果然，"最简单的卫星"计划很快批准了，由吉洪拉沃夫担任苏联首席卫星设计师。1957年10月4日晚，吉洪拉沃夫的"最简单的卫星"、世界上第一颗人造卫星升空，人类开始了太空时代。

1961年4月12日，苏联宇航员加加林搭乘"东方"号飞船进入太空。科罗廖夫没有尽力邀请吉洪拉沃夫参加这一历史性发射，让吉洪拉沃夫非常难过。1966年，科罗廖夫去世。当吉洪拉沃夫的最后杰作——月球探测器第一次在月球上软着陆，吉洪拉沃夫没有忘记将科罗廖夫的照片放进月球探测器，让这位和自己有着近四十年友谊的老友亲眼看看梦寐以求的月球。

⬇ 吉洪拉沃夫设计了苏联第一枚液体推进剂火箭，提出了著名的"P-7"导弹的技术方案，还设计了第一颗人造卫星、将小狗莱伊卡送上太空的第一艘卫星式飞船以及"东方"号载人飞船、第一颗月球探测器、第一颗行星探测器等。

科罗廖夫：
首席火箭设计师
（1907.11.12）

　　苏联火箭之父、宇航之父、宇航系统总设计师、载人航天开创者、苏联科学院院士……这一连串桂冠闪耀着智慧和荣耀的光芒。科罗廖夫以远见卓识和雄才大略拉开火箭技术和太空探索的大幕，为苏联和全人类打开了太空新纪元的大门。

　　科罗廖夫出身于乌克兰的一个教师家庭，中学毕业后他虽然学习建筑，兴趣和热情却在航空。1923 年，科罗廖夫加入航空学会，次年亲自设计了一架"K-5"滑翔机。

　　1929 年，科罗廖夫成为齐奥尔科夫斯基的得意门生，次年便成为苏联著名飞机设计师图波列夫的"TB-3"重型轰炸机的首席工程师。当斯大林发起大规模政治清洗时，肃反运动也波及苏联喷气推

◀"苏联宇航之父"科罗廖夫（1907-1966）早期从事飞机和液体火箭的设计，发展大推力火箭系统。图为科罗廖夫（正中）与苏联第一批航天员合影。

进研究所。1938 年 6 月
22 日，科罗廖夫被苏联
内卫部逮捕，判处十年
有期徒刑。

1939 年，苏联获
悉希特勒在研制火箭、
导弹的情报，便让科罗
廖夫为苏联研究火箭。
当时，科罗廖夫已来到
遥远的西伯利亚东部著
名的集中营——科雷马
金矿，后又调到一家监
狱工厂。第一天上班，
科罗廖夫便傻了：自己
的老师、苏联著名飞机
设计师图波列夫也在这
里。原来，空气动力研
究所、喷气推进研究所、

↑科罗廖夫设想的太空飞机。

火箭研究开发中心的很多同事都被关在这里。

科罗廖夫认为，他不是为某个人工作，而是为祖国工作，为正
义和理想工作。1944 年 6 月 27 日，由于设计飞机有立功表现，坐了
六年大牢的科罗廖夫最终获释。谁也想不到，世界将因此而改变。

第二次世界大战胜利后，科罗廖夫利用德国的"V-2"火箭资料，
开展导弹和运载火箭研究。1957 年 8 月，在苏联堪察加半岛，"P-7"
导弹终于发射成功。第一枚真正的洲际弹道导弹诞生了，这是能够远

↑ 科罗廖夫设计的轮式空间站。

距离发射运载核武器的工具，让美国和西方世界闻之发抖。

同时，科罗廖夫为苏联赢得了一系列世界第一：世界上第一枚洲际弹道导弹、第一颗卫星、第一只地球生物小狗莱伊卡飞上太空、第一艘宇宙飞船、第一名宇航员代表人类第一次进入太空、第一座空间站、第一颗月球探测器、第一位女宇航员飞入太空、第一次飞船对接、第一次太空行走、第一颗行星际探测器……他还计划了长期载人太空飞行、多人太空飞行、多艘飞船的轨道会合和编队飞行、太空行走和航天器的轨道对接技术等。

1966年1月13日，科罗廖夫患结肠肿瘤入院，虽经抢救却回天乏术。科罗廖夫死不瞑目，因为他没能看到自己倾注最后心血的"礼炮"号空间站上天，没能看到苏联国旗插上月球。

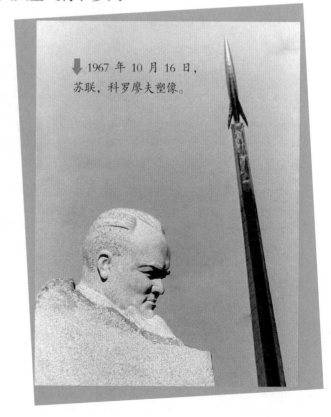

↓ 1967年10月16日，苏联，科罗廖夫塑像。

钱学森：
中国航天之父
（1911.12.11）

20世纪40年代，钱学森是加州理工学院喷气推进实验室的创始人之一。可以说，钱学森是一位对美国和中国的火箭、导弹和航天计划都做出重大贡献的科学家。他为中国的科学技术、航天事业做出最大贡献，被誉为"中国火箭之父""中国航天之父"。

钱学森，1911年12月11日出生于浙江省杭州市马市街方谷园2号。1935年8月，他以中国的庚子赔款公费到美国麻省理工学院学习机械工程，一年后获得麻省理工学院理学硕士学位，并成为冯·卡门的博士生。由于工作危险性

⬆ 当年，冯·卡门评价36岁的钱学森：他是一个无可争议的天才。

极大，冯·卡门师生团队赢得了"敢死队"的绰号。

第二次世界大战后期，为抢夺和保护德国科学家，美国执行"回形针"计划。冯·卡门担任美国陆军航空队顾问，被授予少将军衔；钱学森被授予上校军衔，随美军执行"回形针"计划。

1945 年 5 月 2 日，德国火箭专家冯·布劳恩向美军投降。当时钱学森负责调查、研究导弹设施，询问包括冯·布劳恩、路德维格·普朗特和鲁道夫·赫尔曼等德国火箭专家。2007 年，美国《航空与空间技术周刊》这样描述当年审讯冯·布劳恩的情景："没有人知道，当时的美国未来航天之父，正在由未来的中国航天之父审讯。"

那时，钱学森进行有关洲际空天飞机设计工作，不但激励了"X-20"太空轰炸机的飙升，也影响了后来的美国航天飞机的发展。1949 年，由于冯·卡门的推荐，钱学森成为古根海姆喷气推进中心主任。

1950 年 6 月，美国政府对钱学森进行安全检查。钱学森发现自己无法继续职业生涯，便在两个星期内宣布返回中国大陆。美国没有同意他的请求，

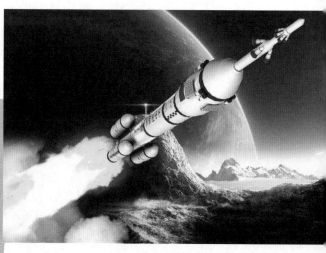

↑"长征-2F"运载火箭。

⬇钱学森一家在"克利夫兰总统"号客轮上。

因为钱学森知道的秘密太多。

美国联邦调查局认为，钱学森知道的秘密五年后就没有技术含量了。钱学森因此处于五年的软禁状态。终于有一天，美国当局通知钱学森：你可以自由地去了！1955 年 9

中国航天。

长征2号F型运载火箭

逃逸塔
整流罩
高空逃逸发动机
高空分离发动机
栅格稳定翼
飞船
二级氧化剂箱
58.3米
二级燃烧剂箱
二级主发动机
一级氧化剂箱
助推器
一级燃烧剂箱
稳定尾翼
一级主发动机
助推器发动机

月 17 日，钱学森一家搭乘"克利夫兰总统"号客轮，取道香港回到中国。

回到中国，钱学森开创了又一段人生传奇，带领中国火箭走向太空，走向世界。

1956 年底，钱学森被任命为中国导弹计划首任主任、国防部第五研究院院长、火箭与导弹开发的负责人。1958 年 4 月，中国根据苏联"P–2"导弹开始仿制近程地地战略导弹。1960 年 11 月 5 日，"东风–1"号近程地地战略导弹试射成功。1970 年 4 月 24 日，中国第一枚运载火箭"长征–1"号点火，"东方红–1"号卫星发射成功。可以说，钱学森是中国火箭、导弹和航天的奠基人。

从 1955 年离开美国后，钱学森再也没有回到过那个伤心之地。2009 年 10 月 31 日，人生跌宕、豁达开朗、极富传奇色彩的钱学森在北京去世，享年 98 岁。

特殊的"战俘"：
从纳粹到月球
（1912.3.23）

他为希特勒的"V-2"火箭诞生立下汗马功劳，发射了世界上第一种现代火箭武器；他为美国第一颗人造地球卫星发射、"阿波罗"载人登月计划实施、"土星"号大型火箭研制、"天空实验室"空间站发射和航天飞机研制等做出突出贡献。他就是特殊的"战俘"——冯·布劳恩。

冯·布劳恩，1912年3月23日出生于今天的波兰，父亲是魏玛共和国农业部长。小时候，母亲送给他一副望远镜，激发了他对天文和太空的热情。1928年，他得到德国火箭先驱奥伯特的《飞往星际空间的火箭》一书。两年后，他成为奥伯特的学生。1934年，他以关于火箭燃烧试验的论文获得柏林大学物理学博士学位。

1937年11月，冯·布劳恩加入德国纳粹党，成为一名党卫军军官。在德国北

↑ 布劳恩（1912—1977），火箭专家，曾任德国陆军佩内明德火箭研究中心技术部主任。

部波罗的海的德国陆军佩内明德火箭研究中心，冯·布劳恩曾主持德国"V-2"火箭研制。

在德国中部深山中，有座巨大的山洞——朵拉。这里是"V-2"火箭的秘密研制工厂。希特勒参观火箭发射时，冯·布劳恩给他讲解火箭原理，人们绝对想不到，冯·布劳恩只有31岁。

↑ 冯·布劳恩与"土星-5"号运载火箭。

"V-2"火箭对现代火箭起着承上启下的作用，因此成为航天史上一个重要里程碑。从1944年6月到1945年3月，德军向英国伦敦和比利时的安特卫普港等地发射"V-2"火箭，造成被打击方巨大的精神压力和生命财产损失。

对此，冯·布劳恩说："火箭工作一切正常，除了落错了地方。"他形容这是"最黑暗的一天"。英国首相丘吉尔则痛骂：哪个兔崽子发明了这玩意儿？我要毙了他！

第二次世界大战末，美国制订了搜捕德国科学家的"回形针"计划，布劳恩名列之首，代号"冠军"。1945年5月2日，一群叫花子打扮、狼狈不堪的人来到美军第44师营地，其中一个蓬头垢面、左臂吊着绷带的人告诉美军：我就是你们要找的火箭专家冯·布劳恩。美军官兵不敢相信，这个三十刚出头的毛头小伙子，就是著名"V-2"火箭的主要发明者。

1945年末，冯·布劳恩来到美国新墨西哥州白沙导弹试验基地。他以卓越才智和工作热情，开始大胆憧憬理想中的星际空间旅行——

1952 年，冯·布劳恩首次发表关于载人空间站的文章《人类不久将飞往太空》；1953 年，布劳恩出版科幻小说《火星计划》，论述星际航行的各种技术和方法、可能出现的技术障碍和防护措施等，引起轰动。

有人说："《火星计划》只是计划，计划有什么用！"

"婴儿有什么用？"冯·布劳恩冷静地反驳。婴儿就是未来和希望，这是科学与愚昧的对决。他指出，远征火星是有意义的航天活动，它的费用无论如何也不会超过一场局部战争的费用和损失。当许多人认为布劳恩提出的人造卫星、空间站、月球飞船等建议遥不可及时，他已经为梦想努力工作了。

1958 年 1 月 31 日，冯·布劳恩研制的"丘比特"火箭成功发射了美国第一颗卫星"探险者 –1"号，标志着美国太空计划的诞生。

1960 年 7 月，冯·布劳恩作为美国宇航局马歇尔太空飞行中心第一任主任，设计了世界上最大的"F–1"发动机和世界上最大的运载火箭"土星 –5"号。

1969 年 7 月 16 日，"阿波罗 –11"号登月飞船发射，完成了历史上最辉煌的 8 天任务。

1977 年 6 月 16 日，冯·布劳恩因胰腺癌去世，享年 65 岁。从纳粹到月球，布劳恩走完了传奇的一生。

美国航天飞机。

TIPS

美国宣布：2020 年，美国宇航员将首先登陆火星。冯·布劳恩的遗愿能实现吗？

霍曼转移轨道：
智慧的秋千
（1925）

太空的距离以天文单位和光年计算，空间探测器飞行少则几年，多则几十年。怎样用人类智慧战胜遥远距离？空间探测器怎样才能飞得更快、更远？沃尔特·霍曼为星际探测开辟了一条最佳航线，从而为太空科学做出了贡献。

▲霍曼转移轨道——宇航的捷径。

行星之间的距离太远了！如地球与金星间的平均距离为 4150 万千米，地球与火星间的平均距离为 7860 万千米，地球与土星间的平均距离为 12.5 亿千米，但作为深空探测，这样的距离不能算远。

星际飞行要求飞得高、飞得远，时间还要飞得长，充满了危险。探测器要尽量多带科学仪器，多带燃料并节省燃料，自身还要尽量轻……这些问题难住了科学家。直到 1925 年，才有一个叫沃尔特·霍曼的德国科学家出版《天体的可得性》一书，提出了两条圆形轨道

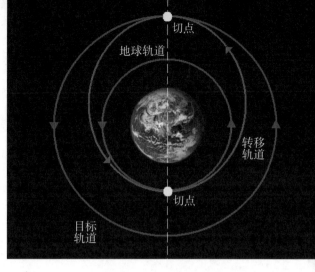

的倾角相同、高度相异、非常省力的转移轨道——霍曼转移轨道。

霍曼转移轨道——找准两星相交会的切点。

霍曼转移轨道的优点是：可以从低轨道向高轨道转移，也可以从高轨道向低轨道转移，既节省燃料和缩短时间，又可以远距离连续访问多颗行星。它的缺点和遗憾是：飞行时间较长。

霍曼认为：当空间探测器离开地球时，必须获得 11.2 千米／秒的第二宇宙速度，才能克服或摆脱地球引力，实现深空飞行。空间探测器先沿着地球轨道一圈一圈飞行，当接近两星相交会的切点时，探测器在霍曼转移轨道两个交叉的切点点火加速，进入目标行星的轨道运行。也就是说，探测器加速，改变飞行轨道，可以缩短飞抵目标行星的时间。如美国"旅行者–2"号探测器的速度，比双切线轨道所要求的大每秒 0.2 千米，结果到达木星的时间缩短了近四分之一。

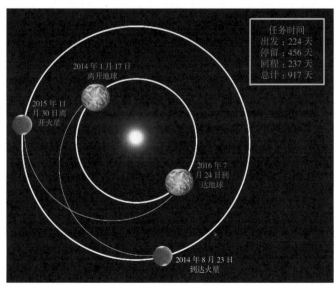

任务时间	
出发	224 天
停留	456 天
回程	237 天
总计	917 天

2014 年 1 月 17 日离开地球

2015 年 11 月 30 日离开火星

2016 年 7 月 24 日到达地球

2014 年 8 月 23 日到达火星

这样一个火星登陆计划，你愿意参加吗？

为了保证探测器沿双切线轨道的切点转移，必须计算好提前量。当探测器飞到与目标行星轨道相会处时，目标行星恰好

霍曼转移轨道：计算好提前量。

也运行到切点。所以，要计算好提前量，必须选择在地球和目标行星都处于某一特定相对位置时发射探测器。

根据一定的相对位置要求，可以计算出提前量，也可以从天文星历中查到相应的日期。这个有利的发射日期，又称发射窗口，一般每隔一两年甚至几十年才出现一次。霍曼转移轨道的好处是：探测器可以在绕飞行星时，利用行星引力场加速，实现连续绕飞多颗行星，进行多星探索和远距离飞行。

通俗地说，霍曼转移轨道就是在行星之间荡秋千。空间探测器算好时间，在行星之间荡秋千，从一颗行星荡向另一颗行星，一步步接近目标行星。这是一个智慧的秋千,西方科学家又称它为引力弹弓、引力跳板和星际运输轨道。

由于霍曼转移轨道理论应用在"阿波罗"载人登月计划及"先驱者"号、"海盗"号、"旅行者"号等空间探测器的星际旅行上都非常成功和精确，沃尔特·霍曼被公认为太空旅行的先驱。

罗伯特·戈达德：
开启了火箭时代
（1926.3.16）

一个郁郁寡欢的穷博士，一个心比天高的梦想家，一心想做月亮人。这位美国物理学家成功地试验了世界上第一枚液体燃料火箭，并预言人类即将走出地球，登上月球。他——戈达德被公认为宇航学、火箭学先驱之一，美国火箭之父。

罗伯特·戈达德出生于美国马萨诸塞州伍斯特。五岁时，看到他对电力感兴趣，父亲便教他如何从地毯上产生静电。戈达德尝试后认为：如果锌电池可以收取静电，飞行器会飞得更高。母亲警告他：如果成功了，你可能有去无回。

20世纪来临之际，戈达德看到了莱特兄弟飞机的前景。但他知道，飞机永远无法达到摆脱地球引力所需的速度。

↑ 戈达德（1882-1945），美国物理学家和火箭技术先驱者，获200多项火箭技术专利。

1914年，戈达德将多级火箭设计申请为专利。多级火箭专利，

↑戈达德与世界上第一枚液体火箭。

↑戈达德正在观察、控制火箭发射。

就是每级发动机都能将火箭推得更高一些，直至飞出大气层。他的另一项专利是液体燃料火箭动力设计。这两项专利，最终成为火箭发展史上重要的里程碑。

1926年3月16日，在美国马萨诸塞州奥本的一个农场，戈达德试飞了世界上第一枚以汽油和液氧为燃料的液体燃料火箭。虽然火箭十分寒碜，发射时留给人的印象只是比一般炮仗稍响些，但这是一次了不起的成功。它开启了火箭时代，并建立了一个庞大的火箭科学。

1935年3月28日，一枚安装了制导系统的液体火箭成功地飞到海拔1.46千米的高度，达到超音速速度。人类的火箭第一次超过音速，给现代火箭带来了曙光。可不少美国人认为戈达德是疯子，浪费数千美元追逐一个不切实际的梦想。美国政府对戈达德也没兴趣，不理解火箭对军事和航天的重大意义。戈达德闪亮的名字和卓越的工作，便在自己的祖国湮没无闻。

1935年，一个潜伏在美国海军航空局的苏联女间谍意外地得到戈达德1933年写给美国海军的报告，其中包含火箭飞行和测试结果，以及关于火箭军事用途的建议。女间谍将此报告送到苏联，苏联因此比美国先造出火箭、导弹以及喀秋莎火箭炮。

德国也因为获得戈达德的火箭技术，造出"V-2"火箭。第二次世界大战即将结束的 1945 年 5 月，美国执行"回形针"计划，千方百计把冯·布劳恩等一大批德国火箭专家弄到美国。德国火箭专家说：你们不知道戈达德博士吗？他是你们美国人。我们用他的原理研究和制造火箭，他是我们的老师！美国人十分震惊，当他们去寻找戈达德时，一切都晚了。

如今，人类把戈达德的梦想变成现实——用液体燃料火箭把卫星送入太空，把人类送上月球，把空间探测器送到其他行星，甚至飞出太阳系。

1945 年 8 月 10 日，戈达德在马里兰州巴尔的摩不幸死于喉癌。鉴于戈达德的卓越贡献，美国国家宇航局将位于马里兰州的太空研究中心命名为"戈达德空间研究中心"。

后来成为美国火箭专家的冯·布劳恩这样评价戈达德："在火箭发展史上，戈达德博士是无可比拟的。在液体火箭的设计、建造和发射上，他走在最前面，而正是液体火箭铺平了探索空间的道路。当戈达德完成最伟大的工作时，我们这些火箭和空间事业上的后来者，才仅仅开始蹒跚学步。"

追踪暗物质：
发现宇宙的核心
（1933）

　　茨威基从天文观测中发现奥秘，提出了许多重要的天文学理论。他一生在许多科学领域都做出重要贡献，而最大贡献是发现宇宙存在暗物质，为人类打开宇宙新视野。茨威基主张的宇宙学理论，深刻地影响着今天的宇宙学和宇宙观。

↑茨威基发现宇宙存在暗物质。

　　生于保加利亚的瑞士天体物理学家茨威基，是位做出多项贡献的科学家。他的第一项科学贡献，是离子晶体和电解质。1934年，茨威基和同事沃尔特·巴德提出"超新星"假设，并发现宇宙射线的起源。超新星是一种从正常的恒星演变到中子星的天文现象。这个有先见之明的假设，在随后的几十年里都有很大影响。

　　为了支持这一假设，茨威基开始寻找超新星。1935年，他利用德国配镜师伯纳德·施密特打磨的天文望远镜，共发现了120颗以上的超新星。直到2006年，茨威基仍保持发现超新星的世界纪录。

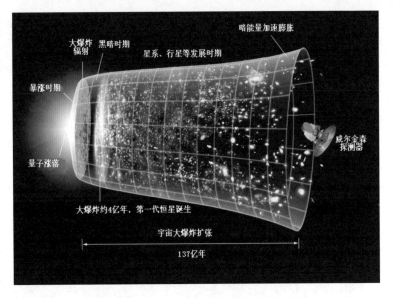

茨威基的最大贡献是发现"暗物质"。20世纪30年代初，茨威基研究星系团后发现"暗物质"的存在。他计算星系团的引力质量，从发光度获得的值大于预期，认为这是星系空间存在大量暗物质的缘故。

1933年，茨威基发表了这个惊人结果：在宇宙空间存在暗物质。人们看得见的星系只占总质量的1∶300以下，而99%以上的质量是看不见的。茨威基认为：由于暗物质不会发光，在天文学上用光的手段观察、探测，是绝对看不到暗物质的。

一石激起千层浪。许多天文学家、科学家不相信茨威基的研究——物质就是物质，怎么会看不见？莫非还存在另外一个空间？有人甚至怀疑茨威基患上精神病，因为天文学家患精神病的比例最高。

爱因斯坦作为宇宙学理论和弯曲空间等新概念的发现者、相对论的奠基人，对能量与质量之间的关系最有发言权。他认真分析了茨威基的研究，也认为根本不存在暗物质，并认为茨威基所谓的暗物质不过是错误的"宇宙常数"。

这是一场科学与科学的对决。70多年来的天文观察、科技发展，越来越支持茨威基的理论。1997年，美国哈佛大学天文学家根据超新星的变化，发现宇宙膨胀速度不但没有在自身重力下变慢，反而在一种看不见的神秘力量的控制和推动下变快，科学家称之为"暗能量"。

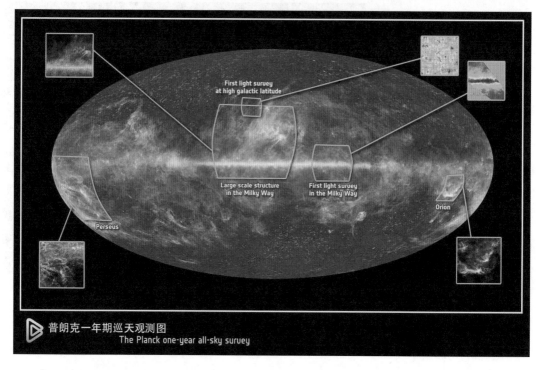

普朗克一年期巡天观测图
The Planck one-year all-sky survey

⬆ 发射于 2009 年 5 月 4 日的欧洲空间局普朗克空间望远镜或发现了暗物质起源之谜。

"暗能量"与引力一样，也是一种力量，但它是一种推力，不是拉力。

为了找到暗物质和暗能量存在的新证据，2001 年 6 月 30 日，美国宇航局发射"威尔金森"探测器。它的任务是精确探测宇宙微波背景辐射温度之间的微小差异，推理宇宙诞生的理论。

2003 年，"威尔金森"探测器用大量事实和数据证实：宇宙中确实存在暗物质与暗能量；宇宙诞生于一次大爆炸；宇宙由 23% 的暗物质，73% 的暗能量，4% 的普通物质组成；宇宙中约有 90% 的物质以暗物质形式存在；宇宙膨胀先减速后加速。据此，"威尔金森"探测器测算：宇宙已有约 137 ± 1.2 亿年历史。后来，美国、欧洲发射的太空望远镜也支持茨威基的理论。

茨威基首先发现了看不见的物质——暗物质的存在，大大推动了物理学、天文学的发展，对科学的重大贡献不可估量。爱因斯坦没有想到，当初他认为是错误的"宇宙常数"——暗物质以及暗能量，几乎称得上是宇宙的核心。

斯蒂芬·霍金：
用眼睛讲述宇宙起源
（1942.1.8）

霍金是世界上最杰出的科学家。他回答了几个有关宇宙的关键问题：宇宙从何处来？又往何处去？宇宙是如何存在的？霍金的星系诞生、宇宙大爆炸和宇宙终结的理论，为人类呈现了一个难以置信的宇宙，同时也为未来太空航行指明了方向。

宇宙隐藏着无数奥秘。1783年，英国地质学家约翰·米歇尔首次提出黑洞理论。1916年，爱因斯坦的广义相对论支持和预言黑洞理论：物质在黑洞"只进不出"，黑洞的引力场非常强大，吸收着一切，如各种星星，连光也不能逃脱。

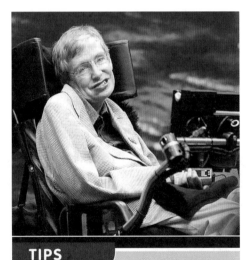

TIPS

斯蒂芬·霍金（1942-），英国物理理论学家、宇宙学家和作家。

黑洞理论因此成为天文、物理学界的主流观点，是 20 世纪最具挑战性、也最让人激动的天文学说之一。但有一个人，却提出不同看法：黑洞向外辐射能量。这种辐射不包含黑洞内部物质的信息；当黑洞最终因为质量丧失殆尽而"蒸发"时，黑洞内部的信息也不知去向。这个人就是——霍金，他罹患运动神经疾病，几乎完全瘫痪，只能用眼睛控制电脑，人称"用眼睛讲述宇宙起源的科学家"。

1979～2009年，霍金在剑桥大学任数学、理论物理学教授。1988年，霍金在科普作品《时间简史——从宇宙大爆炸到黑洞》中阐述自己的宇宙论，被英国《星期日时报》连续五年评为最畅销书。

霍金描绘了外星人之谜，智能外星生命的可能性。他人性化地探讨其他星系存在外星人的可能性，并警告人类不要和外星人说话，以免引"狼"入室。其实，地球上的人类就是外星人，自私而极具掠夺性和攻击性。太空探索的一项目标就是寻找类地行星，当地球资源耗尽时移民外星球。

霍金的时间旅行描述了空间探索所有的可能性，解释了超时空穿越技术可以改变一切的诱人前景和巨大危险。霍金认为人类实现时间旅行的伟大梦想共有三种方法：虫洞旅行、黑洞旅行和光速旅行。

霍金被誉为活着的爱因斯坦。他说：我的思想可自由"进入"

艺术家描绘的黑洞。

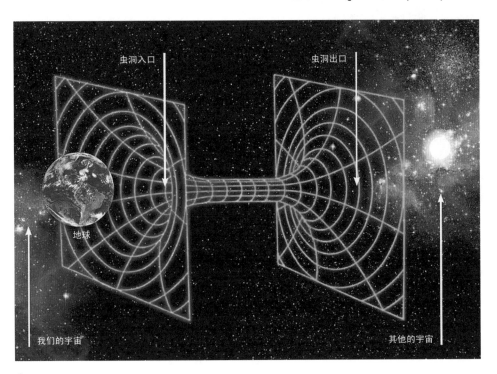

时间旅行——穿越虫洞，回到过去或飞进未来。

黑洞内部，进入宇宙最遥远的地方。霍金强调黑洞没有磁场，所有物质在进入黑洞后就把自己所携带的信息全部丢失了。

近十几年来，天文学家利用"哈勃""康普顿""钱德拉""牛顿""威尔金森""斯皮策"等 14 架太空望远镜，进行长期天文观察，最后位于美国马萨诸塞州的史密森天体物理学会宣布：确实观测到星系和类星体中心的"大黑洞"，但没探测到"霍金辐射"和"黑洞蒸发"。

在猜想与事实、错误与科学、名誉与真理面前，霍金勇敢地选择了后者。他不惜自己的声誉，曾四次发起科学史上著名的赌局，尽管他的"黑洞"赌局每次都输。

2004 年 7 月 21 日，霍金承认第四次科学赌局输了，并严肃地向全世界宣布：黑洞有磁场，信息应该守恒。霍金推翻了自己先前的黑洞理论，由此可见，科学探索就是追求真理的过程。

"银鸟"亚轨道轰炸机：突破空气动力学

（1943）

亚轨道飞行理论对美国、苏联的航天飞机计划产生了巨大影响，并最终影响到各国的亚轨道飞机、空天飞机研发，促进了人类航天历程的发展。总之，亚轨道飞行是思维的升华、科学的结晶，意义十分重大。

尤金·桑格尔 1905 年生于奥地利，他本来在维也纳技术大学土木工程系就读。在听了火箭理论家赫尔曼·奥伯特的一堂课——通过火箭进入太空和行星后，他毅然决然从土木工程转向航空航天，梦想通过火箭进入太空。

1936 年，桑格尔的《火箭飞行工程》论文在被拒绝三年后终于发表，并收到一封来自德国的电报：如果您正在寻找和实现理想，请到帝国空军部报到。1943 年，桑格尔提出亚轨道飞机概念。它是一种跨大气层飞行器，又叫"银鸟"亚轨道轰炸机。

亚轨道是指飞行器到达太空，因速度、高度和地球引力不能形成一圈完整的轨道。比如一个物体从地球发射，达到海拔 100 千米以上，然后沿抛物线落回地球，被认为是一个亚轨道飞行。由此可见，亚轨道飞行是一条抛物线的自由落体轨迹，不同于轨道飞行是一条圆形轨迹。亚轨道飞行价值最高的，当属快速军事行动。

20世纪40年代，最聪明的飞机设计师还没有"轨道"这个概念，更不会想到亚轨道。桑格尔的卓越设计，被称为"银鸟"亚轨道轰炸机。它依赖火箭发动机和机身作为升力体，产生升力到达亚轨道，实现洲际飞行。

桑格尔与女数学家艾琳·布雷特结婚，夫妻俩一起给希特勒秘密研究"银鸟"亚轨道轰炸机。

由于可以短距离起飞、长距离奔袭，"银鸟"亚轨道轰炸机的主要目标是轰炸美国、苏联；当重磅炸弹铺天盖地袭击美国时，美国人尚不知炸弹来自何方；如果给"银鸟"装上原子弹，华盛顿立刻夷为一片废墟……桑格尔夫妇给希特勒描绘了一个理想的轰炸路线图。

桑格尔夫妇还计算："银鸟"初始速率是7200米/秒，以101千米的高度巡航，环游世界一圈的持续时间为3小时38分；如果"银鸟"携带3吨炸弹，速度达到4000米/秒就可以环游飞

↑ 桑格尔设想的"银鸟"亚轨道轰炸机。

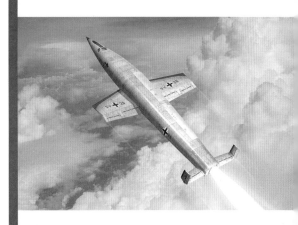

↑ "银鸟"冲入太空。

↑ "银鸟"波浪形前进：滑翔下降。

⬆"银鸟"亚轨道轰炸机巡航。　　　　⬆"银鸟"波浪形前进：反弹升高。

行；"银鸟"的航程达 1.9 万至 2.4 万千米，能穿越大西洋，将超级炸弹扔向美国，并继续飞往太平洋地区，然后在日本某占领区机场降落。

"银鸟"不但是洲际轰炸机，还是闻所未闻的亚轨道轰炸机。它速度快、航程远、载重量大，而且不易被发现，就是被发现了也没武器能把它打下来。

已经拥有"V-2"火箭、超级大炮等秘密武器的希特勒，认为再加上"银鸟"亚轨道轰炸机、核武器，第三帝国将战无不胜，便下令加快研制"银鸟"。盟军得知德国在研制秘密武器，极力偷袭、轰炸、破坏德国制造原子弹的重水工厂、火箭工厂和飞机工厂。结果直到第二次世界大战结束，"银鸟"轰炸机也没有飞上亚轨道，仍停留在设计试验、图纸和零件上。

第二次世界大战后，各国研发的火箭飞机都能看到"银鸟"的影子。桑格尔仍埋头设计以冲压式喷气发动机为动力的太空飞机，直到 1964 年 2 月 10 日死于柏林。他提出的光子动力、太阳帆等星际航天器推进理论，已深深影响未来的航天器。

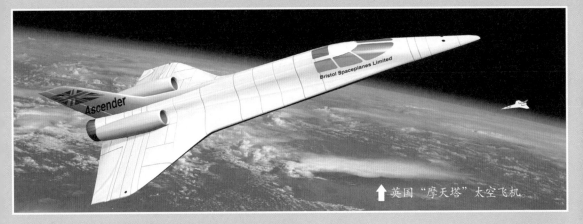

英国"摩天塔"太空飞机。

英国"摩天塔"太空飞机。

英国"摩天塔"太空飞机施放卫星。

欧洲太空旅游飞机。

地球静止轨道：
最佳全球通信轨道
（1945.10）

016

克拉克为人类描绘了一幅卫星通信蓝图。他认为：在赤道上空 35786 千米的高度，有一条未被发现的轨道。当卫星运行在这条轨道上，就能实现全球通信。克拉克将人类理想延伸到太空，更将人类文明引向太空。

"The world needs uninhibited thinkers, not afraid of far-out speculations; it also needs hard-headed, conservative engineers who can make their dreams come true." —from Chapter 1, "In the Hall of the Knights"

↑ 克拉克（1917–2000），地球静止轨道、通信卫星、卫星通信概念发明人。

1945 年 5 月的一天，28 岁的英国皇家空军雷达军官阿瑟·克拉克来到英国行星学会。

"先生，我有一个小小的设想。"克拉克拿出一篇论文和一张草图。草图上画着一个形似地球的实心圆和一个同心圆圈，圆圈上等距离画着三个圆点，代表三颗卫星在地球上空的分布位置。卫星沿着 35786 千米高度的一条静止轨道飞行，与地球保持同步位置。从地球看，卫星就好像静止不动。

如果将三颗这样的卫星等距离分布在这条轨道上，就能实现除南北两极以外的全球通信。卫星在赤道上空的这个高度，地球的离心

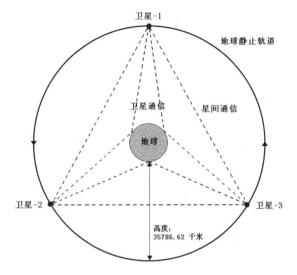

卫星-1

地球静止轨道

卫星通信   星间通信

地球

卫星-2   卫星-3

高度:
35786.62 千米

⬆ 克拉克的地球静止轨道与卫星通信想象图。

力和引力恰好相等,卫星飞行时能相对定点也最省力。通信卫星能转发电话、电视、多媒体、图文数据和互联网,联通全世界。

1945 年 10 月,《无线电世界》杂志以《地球外的转播》为题刊载了克拉克的论文。正是那张简单到无法与任何设计图相比的草图,从此把人类带进卫星通信新时代:12 年后,人类发射了第一颗卫星;19 年后,美国发射了第一颗静止轨道同步通信卫星。不过,克拉克从没申请"地球静止轨道"专利,他认为"地球静止轨道"是自然与科学的结晶,服务于全球,不应一个人占有。

克拉克是伟大的幻想家。他相信,太空电梯访问太空比火箭将卫星送到地球静止轨道更富有激情。克拉克又是伟大的科幻作家。他在科幻小说中塑造的人造卫星、卫星通信、空间站、太空旅行、太空飞机、计算机、太空机器人等,都已成为现实。克拉克还是伟大的预言家。他预言太空电梯、星际飞船、太阳帆宇航、纳米技术、离子发动机等,甚至连星际通信方式都描写得十分精确。克拉克预言:2030 年,地球人将与外星人握手;2060 年,人类将制造出人工人。

THE EXPLORATION
OF SPACE
☆
ARTHUR C. CLARKE
R.A., F.R.A.S.
(Chairman, British Interplanetary Society)

TEMPLE PRESS LTD
LONDON

⬆ 克拉克的《太空探索》。

↑克拉克的太空幻想与邮票。

他的伟大预言能实现吗？

　　克拉克与阿西莫夫、海因莱因号称科幻小说"三巨头"。前二人还达成一个啼笑皆非的口头协议——克拉克－阿西莫夫条约，即克拉克是最好的科幻作家，阿西莫夫是最好的科普作家。

　　总之，克拉克思想深刻，哲理明确，并将其始终贯穿在科学发现和科幻小说中。他还将科学创新总结出"克拉克三大定律"。

　　2000 年，克拉克死于斯里兰卡的科伦坡，享年 83 岁。根据他的遗愿，他的大理石墓碑上刻着：这里躺着阿瑟·克拉克。他永远不会长大，但从来没有停止成长。

TIPS

克拉克三大定律

　　第一定律：如果一个德高望重的杰出科学家说，某件事是可能的，那他可能是正确的；如果他说某件事是不可能的，那他也许是非常错误的。

　　第二定律：若要发现某件事是否有可能的界限，唯一的途径是跨越这个界限,从不能跑到可能中去。

　　第三定律：任何非常先进的技术，初看都与魔法无异。

太空敢死队：
为空间生命科学出征
(1951.9.3)

017

20世纪中期的宇航理论认为，在失重的太空，人类可能无法存活很长时间。于是各种动物首先进入太空，代替人类进行太空环境、航天医学、生命体征和生命保障等各种试验。这些动物实验是空间生命科学的重要组成部分，意义重大。

↑ 我也要参加太空敢死队。

太空敢死队的成员，有老鼠、狗、猴子、黑猩猩等。它们都经过精心挑选，过程几乎与挑选宇航员一样复杂，但有蹄有角类动物和猛兽不能参加太空敢死队，而灵长类动物都经过与宇航员一样的特殊训练。太空敢死队能为设计卫星、飞船、空间站和航天飞机等航天器，以及宇航员训练、太空航行提供最真实、最详尽的科学依据。

狗属于哺乳动物，是太空飞行的首选实验动物，称为太空狗。

太空狗的飞行试验分为高空飞行试验、亚轨道飞行试验和轨道飞行试验。太空狗搭乘火箭发射到太空，然后自由落体返回的叫亚轨道飞行；太空狗发射到太空，围绕地球飞行一圈以上的叫轨道飞行。

↑ 蹄角类动物和猛兽不能参加太空敢死队。

通常，太空狗躲在密封压力舱（又称太空舱）里。

1951 年 7 月 22 日，世界上首次太空狗亚轨道飞行开始了。苏联太空狗德兹科搭乘火箭到达 110 千米高度，但没有存活。1951 年 9 月，太空狗丽莎搭乘火箭完成亚轨道飞行，并在高空从火箭中弹出，乘降落伞安全返回。

1957 年 11 月 3 日，苏联太空狗莱伊卡在拜科努尔发射场搭乘"卫星 –2"号发射升空，成为第一个环绕地球轨道飞行的生物。虽然莱伊卡没能活着返回地球，但它仍创造了宇航奇迹，成为世界上最有名的太空狗。

1960 年 7 月 28 日，苏联太空狗雪豹和小狐狸执行第一次飞行任务时，运载火箭在发射后 28.5 秒发生爆炸，它们的残体以烈士的规格安葬。

1960 年 12 月 22 日，苏联太空狗小妇人和小美搭乘火箭发射升空，到达远地点 214 千米的亚轨道。在返回地面时，火箭弹出太空狗乘坐的太空舱，第一天被厚厚的积雪掩埋了，第二天太空舱里传出狗叫，小妇人和小美才有惊无险地获救。

同年 7 月 28 日，苏联太空狗贝尔卡及其未婚妻斯特热尔卡，率领 2 只灰兔、42 只小鼠、苍蝇、植物和一些真菌，进行了生物和航天医学试验。其中，小鼠在太空营造安乐窝，生儿育女，一些小鼠成为第一批进入地球轨道出生、活着返回地球的动物，它们检验了飞船的安全性能和返回系统。8 月 18 日，所有乘客从太空平安返回地球。

↑ 苏联太空狗在太空舱。

1961 年 3 月 25 日，太空狗小星星乘坐飞船升空，在加加林之前进行最后一次飞行试验。它搭乘运载火箭发射、升空、飞行，与载人飞船完全一致，为加加林的历史性飞行开辟了航线。据说小星星安全回到地面，当人们打开返回舱，它好像很委屈，匍匐呜咽，好像在说：这么危险的剧烈活动，怎么也不事先通知一下？加加林抚摸着小星星，感叹道：我有你这么好的运气就好了！

TIPS

1966 年 2 月 22 日，太空狗小凤和小煤炭在太空轨道上度过 22 天，创造了太空狗最长的太空飞行纪录。

拜科努尔航天中心：
航天发射的圣地
（1955.2.12）

　　拜科努尔航天中心是世界上第一座，也是最大的航天中心。它的主要任务是进行航天运载技术的试验，发射卫星、载人宇宙飞船、货运宇宙飞船、空间站、航天飞机等航天器和多种洲际导弹。拜科努尔航天中心创造了无数世界航天发射第一，是航天发射的圣地。

　　1955 年 2 月 12 日，苏联秘密颁布法令，在哈萨克斯坦筹建国家第 5 号导弹试验场。同年 6 月 2 日，第 5 号导弹试验场作为世界上第一座洲际弹道导弹试验场，由瓦西里将军指挥，首席火箭设计师科罗廖夫试验了世界上第一枚洲际弹道导弹 "P-7"。

　　当年，科罗廖夫提出两个约束条件，即导弹的轨迹要远离人口密集地区，火箭的无线电控制系统需要不间断接收数百千米之遥的地面站信号。考虑到这两个约束条件，瓦西里将军

▼ "东方" 号运载火箭即将发射。

选择了哈萨克草原心脏地带的一个村庄——丘拉塔姆。

▲"质子-M"运载火箭运抵拜科努尔。

随着苏联悄悄建设庞大又复杂的发射设施和几百千米新道路和火车线路，这里成为苏联最昂贵的航天发射场之一。不久，苏联宣布在丘拉塔姆成功地进行了世界上第一枚洲际导弹的试射，很快苏联太空计划也将在此开始。

丘拉塔姆在哪里呢？美国情报机构查遍苏联地图也没找到。1957年8月5日，美国"U-2"高空侦察机第一次发现第5号导弹试验场，并拍下导弹和发射场。1962年5月30日，美国"发现者"号照相侦察卫星拍摄了这座航天发射场的卫星照片。

冷战时期，苏、美太空争霸。为了迷惑、欺骗、误导美欧国家，苏联将距离拜科努尔东北约320千米的小矿镇杰兹卡兹甘描绘为火箭发射基地。直到1961年加加林飞上太空，苏联报刊才偶尔提到一个地名——拜科努尔。

1966年，苏联将这座秘密的航天城命名为列宁斯克镇。同时，苏联故意误导美欧国家：杰兹卡兹甘就是拜科努尔，拜科努尔就是杰兹卡兹甘。1995年12月20日，俄罗斯总统叶利钦正式宣布丘拉塔姆小镇，也就是列宁斯克镇更名为拜科努尔，才证实了这座主要航天发射场的存在。拜科努尔，这是一个多么熟悉又陌生的名字啊！

拜科努尔航天中心由技术测试区、发射区、后勤保障和生活区组成，主要担负载人宇宙飞船、空间探测器和各种卫星的发射，以及

↑ "质子"号火箭升空。

战略导弹和运载火箭研制性飞行的试验。

拜科努尔航天中心拥有航天史上最多的世界第一：

1957 年 10 月 4 日，苏联在这里发射了世界上第一颗人造地球卫星"斯普特尼克 –1"号。

1959 年，第一颗"月神 –1"月球探测器发射进入月球轨道。

1960 年，一枚"P–16"洲际弹道导弹发射前爆炸，100 多人死亡，其中包括一名元帅。

1961 年 4 月 12 日，加加林乘坐"东方 –1"号载人飞船，从拜科努尔发射进入太空，成为世界第一位环绕地球轨道飞行的宇航员。

1963 年 6 月 16 日，世界上第一位女宇航员捷列什科娃从这里飞上太空。

1971 年 4 月 19 日，苏联在这里发射人类第一座空间站"礼炮 –1"号，另外 6 座"礼炮"号空间站同样从这里升空。

19 世纪 80 年代，捷克斯洛伐克、民主德国和法国等 13 个国家的 14 名宇航员，从这里第一次开始飞天之旅。

1988 年 11 月 15 日，苏联第一架航天飞机"暴风雪"号从这里升空。

1998 年 11 月 20 日，国际空间站的第一个舱体"曙光"号功能舱，在"质子 –K"火箭的携带下从这里升空。

拜科努尔航天中心被誉为宇航人心目中的"麦加"——航天发射圣地。

运载火箭：
飞天大力士
（1957.10.4）

　　火箭技术用于空间探测和开发，为人类通向太空架起了桥梁。火箭好像化身博士，会变化出无数身手不凡、形态各异的运载火箭，成为飞天的大力士，也将人类的理想送上太空。

　　1957年10月4日，苏联用"卫星"号运载火箭发射了第一颗人造地球卫星。之后，苏联（俄罗斯）、美国、法国、日本、中国、英国、意大利、印度、巴西、以色列和欧洲空间局等国家和国际组织，先后研制和发射成功30多种不同性能的运载火箭。

　　作为最精密的运载器，运载火箭由多个系统组成：箭体结构系统是运载火箭的"身体"，推进系统是运载火箭的"肌肉"，控制系统是运载火箭的"大脑"，遥测系统是运载火箭的"神经"，外弹道测量系统是运载火箭的"感觉"，瞄准系统是运载火箭的"眼睛"，安全系统是运

TIPS

　　运载火箭大部分由洲际弹道导弹改装、演变、发展而来，具有攻击、毁灭和邪恶的特点，更是先进、威猛和强大的象征。

载火箭的"心眼"。

运载火箭的结构，从上到下分为四大舱段：

一、有效载荷舱段：位于火箭的头部，装载人造卫星、宇宙飞船等航天器。它的外部是流线型整流罩，保护航天器和减少空气阻力。当火箭飞出大气层时，它会自动分离、抛弃。

二、控制舱段：是火箭的指挥中枢，在火箭的内部。飞行控制仪器主要有制导、姿态控制、电源和配电等系统。它们控制运载火箭保持一定姿态，确保按正确的航线、轨道飞行。

三、推进剂贮箱舱段：在火箭的内部，装载推进剂。它占去运载火箭体积的大部分，总重量的 80% ～ 90%。为了增大装载能力，贮箱造型设计成球形，材料越轻越好，强度越高越好，一般多采用高强度铝合金材料制成。

四、发动机舱段：位于火箭的后部，有的火箭在外部安装尾翼。发射前，运载火箭通过它与发射架相连；发射后，在飞行过程中保持外形完整和稳定飞行轨道。

考察一枚运载火箭的优劣，主要的技术指标有：

起飞质量：即运载火箭自身的总质量，包括燃料和有效载荷。起飞质量越大，越能将更大更重的航天器送往更远的空间。

运载能力：即运载火箭将有效载荷送入预定轨道的能力。由于航天器运行在高低、方向各不相同的轨道上，运载能力和运载方式也不同。

入轨精度：即运载火箭将

TIPS

捆绑式火箭

如果火箭发射的有效载荷比较重，可以在一枚火箭外面捆绑几枚小火箭，称为捆绑式火箭。捆绑式火箭中间的大火箭，称为芯级火箭；外围捆绑的火箭，称为助推火箭，又称助推器。助推火箭的数量，可以根据运载能力大小和需要来选择。

◄── 最大的运载火箭，能将100吨重量的航天器送入太空。

航天器送入轨道的精度。每颗卫星都有精确的空间坐标——近地点、远地点、轨道倾角等，运载火箭发射偏离方向、角度，就不能精确定位。

适应能力：即运载火箭的适应范围。由于航天器的大小、宽度、高度、形状、重量各不相同，运载火箭的型号及其直径、高度会直接影响整流罩的大小和高度。

可靠性：即地面试验和发射飞行反复验证出来的百分比，也是一项火箭设计指标。可靠性越高越好。

安全性：即运载火箭每100次发射的安全率，也可以说每100次发射有几次危及宇航员的生命安全。安全性越高越好。目前，世界载人运载火箭的安全性约为99.5%。

成功率：即运载火箭每100次发射的成功率。火箭发射的可靠性越强，成功率就越高。

到2013年底，各国共发射运载火箭5354枚，成功4922枚，失败432枚，成功率为91.9%。其中，苏联及俄罗斯发射3179枚，成功率93.4%；美国发射1587枚，成功率90.2%；中国发射200枚，成功率91.5%。

↑织女星　　↑大力神-4　　↑质子-M　　↑长征-3A　　↑极轨-C　　↑土星-5　　↑宇宙神

↑战神-5

↑宇宙神-5　　↑宇宙神-H

↑德尔塔-3

↑阿丽亚娜-5

↑战神-1　　↑联盟　　↑猎鹰-9　　↑静止-3　　↑H-2B　　↑H-2　　↑质子

世界著名运载火箭

"斯普特尼克－1"号：
开创人类新纪元
（1957.10.4）

　　谁创造了科技的辉煌？谁书写了人类的传奇？谁将人类送入太空时代？第一颗人造卫星"斯普特尼克－1"号升空，让人类文明史掀开崭新一页。它引发的美苏太空竞赛，弘扬了太空探索的激情，在促进人类社会进步的同时，也给世界带来巨大而深刻的影响——世界因此而改变。

　　1957年10月2日，苏联政府作出一个历史性决定：1957年10月4日发射世界上第一颗人造地球卫星。

　　"斯普特尼克－1"号人造卫星是一个球体，直径58.5厘米，重量83.6千克，设计寿命3个月。它由壳体、仪器设备和天线组成，内装化学电池、无线电信号发射器和温度调节系统。

　　1957年10月4日19时

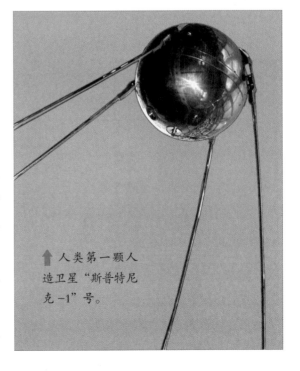

⬆ 人类第一颗人造卫星"斯普特尼克－1"号。

28 分 34 秒，一声巨响震耳欲聋，一团令
人目眩的烈焰从火箭底部喷吐而出，声
浪和气流翻卷起棕褐色烟云。只见"卫星"
号运载火箭徐徐离开发射台，直刺夜空，
不到 10 秒钟便消失得无影无踪。

↑ 克里米亚天体物理天文台
跟踪卫星。

　　火箭起飞 116.38 秒，助推火箭分离；
294.6 秒，第二级火箭发动机关闭。卫星
以每秒 7.9 千米的第一宇宙速度脱离地球
引力。314.5 秒，第二级火箭抛弃，"斯普特尼克 –1"号从火箭上分离，
顺利进入太空轨道，成为第一个进入太空的人造天体。

　　当"星箭分离成功"的消息传来，卫星总设计师吉洪拉沃夫竟
有些不敢相信。他暗暗问自己："这是真的吗？我们真的成功了？"
因为这样的梦，吉洪拉沃夫已做过多次。火箭总设计师科罗廖夫明亮
的大眼睛也迷茫起来……

　　这时，克柳奇测控站的工程师鲍里索夫
中尉第一个听到从无线电接收器里传来的"嘟
嘟嘟"声。第 24 分钟，卫星在 223 千米的地
球表面高度，以 7.78 千米的第一宇宙速度由
西向东围绕地球轨道飞行。

　　一个流星般的亮点每天环绕地球约 15
圈，划过天际时向地球上吃惊的听众发送"嘟
嘟嘟"声。虽然它很微弱，却是第一个来自
地球外的天音。信号一直持续至 1957 年 10
月 26 日，因为电池耗尽而终断。

↑ 苏联发行的"斯普特尼克 –1"
号卫星纪念邮票。

　　"斯普特尼克 –1"号卫星运行在近地点

215 千米、远地点 939 千米、倾角 65.1° 的轨道上，环绕地球一周的时间为 96.7 分钟。它的科学任务包括测量 200～500 千米高度的大气密度、电离层电子密度、温度、压力、磁场、紫外线和 X 射线等数据。

"斯普特尼克 –1"号的俄语意思是"最简单的卫星 –1"。为纪念具有划时代意义的人类第一颗人造地球卫星，后来"斯普特尼克 –1"号命名为"人造地球卫星 –1"号，简称"卫星 –1"号。"卫星 –1"号在太空共运行了 92 天，绕地球飞行约 1440 圈，飞行了 6000 万千米。1958 年 1 月 4 日，"卫星 –1"号失去动力，重返大气层烧毁。

尽管"卫星 –1"号其貌不扬，只会发出"嘟嘟嘟"声，却宣告了人类进入太空时代。

从 1957 年苏联第一颗人造地球卫星上天到 2013 年底，世界各国共发射了 7472 个航天器，其中 6707 个成功。目前，环绕地球飞行的共有 1000 多颗各类卫星，其中 500 多颗属于美国，俄罗斯名列第二，欧洲第三，中国第四，日本名列第五，印度第六。

➡ 2012 年 6 月 16 日 18 时 37 分，"神舟九号"载人飞船在酒泉卫星发射中心成功发射。(图片来源:《航天员》杂志)

人造地球卫星：
让人类的思想插上翅膀

（1957.10.4）

021

人造地球卫星简称"人造卫星"。它是监护地球、保护人类的天使，也是开发太空资源、太空科技、太空旅行、太空医院的摇篮，还是探索宇宙、探索太空奥秘、寻找太空文明的基地。可以说，人造卫星让人类的思想插上了翅膀。

牛顿在数学论文《牛顿的炮弹》中，第一个提出发射人造地球卫星的可能性。凡尔纳在科幻小说《卡莉达的财富》中，也描述了人造地球卫星的故事。1903 年，齐奥尔科夫斯基计算出如果液体燃料的多级火箭速度达到 8 千米/秒，人造地球卫星就能进入太空。

太空中的星球，分为恒星、行星和卫星。卫星是指围绕行星运行的星体，一般分为两种：一种是天然的卫星，如月球、火星的卫星、土星的卫星等；一种是人

↑ 航天器：太空飞行。

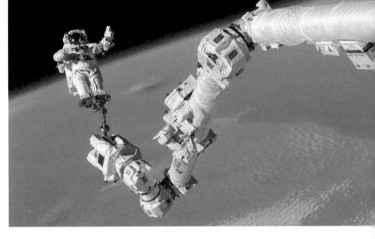

造卫星，如人造地球卫星、人造火星卫星。

人造地球卫星是指速度达到第一宇宙速度，成为沿一定轨道环绕地球运行的航天器。

"发现"号和空间站套图。

人造地球卫星是最早也是最多的航天器。尽管它品种很多，而且千姿百态，但按应用一般分为三大类：科学卫星、技术试验卫星和应用卫星；按用途分为：通信卫星、广播电视卫星、气象卫星、天文卫星、测量卫星、导航卫星、地球资源卫星、导弹预警卫星、照相侦察卫星、电子侦察卫星、海洋监视卫星、截击卫星等。

不管什么样的卫星，主要都由两大部分组成：公用系统的卫星平台和专用系统的有效载荷。其中卫星平台，相当于一架飞机，用于控制和飞行，主要由结构系统、遥测系统、动力电力系统、温度控制系统、姿态与轨道控制系统等公用系统组成。卫星平台是卫星的身体、心脏和大脑，保障卫星安全飞行和有效工作。

有效载荷，就是科研仪器，相当于乘客、手机、照相机，用于科学探索。根据卫星不同用途和功能，有效载荷完全不同。如果是通信卫星，就装载天线、接收器和转发器；如果是天文卫星，就装载太空望远镜；如果是地球观测卫星、照相侦察卫星，就安装照相机、多光谱相机、立体摄像机、侧视雷达、红外线成像仪等专用系统。

天文卫星：寻找过去、现在与未来。

怎样确定卫星的位置呢？科学家在地球上安装雷达和天文望远镜，在太空部署太空监视卫星，天上地面组成一个太空监测网，就可以随时监测各种卫星。美国太空监测网可以同时监测2.8万多颗卫星和空间碎片，最小可监测10厘米的空间飞行体。

自1957年10月4日人类首次成功发射人造地球卫星以来，有约30个国家和国际组织研制和发射了人造地球卫星。大家如果有兴趣架起天文望远镜，会看见一颗颗人造地球卫星在飞翔，还仿佛听见它们在说话。

欧洲空间局的地球重力测量卫星。

第一只太空狗：
惊险的死亡之旅
(1957.11.3)

小狗莱伊卡是第一个环绕地球飞行的地球生物。它首次证明了地球生物在失重状态下仍可以生存，不但为设计、制造宇宙飞船奠定了基础，而且为未来的载人飞行铺平了道路，所以历史意义十分重大。

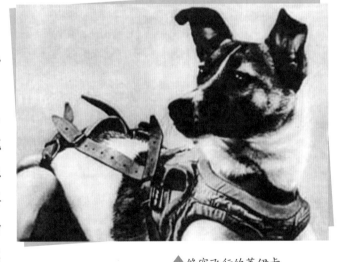

一只西伯利亚混血小狗在莫斯科大街上流浪。突然，一辆汽车停下来，一个人把它抱上汽车。此人是谁？他是苏联火箭总设计师、苏联宇航之父科罗廖夫。科罗廖夫还为这只小狗取了个好听的名字——莱伊卡，用中国话说就是小卷毛。

⬆绝密飞行的莱伊卡。

苏联宇航之父带走莱伊卡干什么？原来，为了庆祝苏联十月革命胜利40周年，苏联准备将一只狗送往太空轨道。

莱伊卡才两岁，聪明、顽皮、漂亮。当时，苏联一共有十只太空狗完成了全部太空训练科目，莱伊卡是其中之一。它以优异成绩毕

◀莱伊卡在加压密封舱里。

业于莫斯科星城宇航员训练中心，成为第一批动物宇航员。

当时为了人类登上太空，要先进行动物太空试验。由于狗的血液循环系统和呼吸系统与人类很相近，通过对它们进行太空试验，可以为载人飞船的生命保障系统设计提供重要依据。最后，莱伊卡被选中，成为载人太空飞行的开路先锋。

1957年11月3日，苏联第二颗人造卫星——"卫星-2"号发射。莱伊卡被装进密封舱。这个密封舱固定在火箭的头部，里面有各种各样的仪表、生命维持系统和保温层，正对莱伊卡的还有一只摄像头。

密封舱里有机关限制莱伊卡的站立、坐躺等动作。由于没有任何窗户，当密封舱温度超过15℃时，电风扇会启动给莱伊卡凉爽。

飞行前，科学家在莱伊卡的身体表面和皮下安置了感应器，监测它的呼吸、心跳、血压和动作；进入太空后，监测数据会自动传回地面。

苏联最后宣布："卫星-2"号发射成功。莱伊卡环绕地球一圈的时间为103.7分钟，它完成了全部实验任务，无不适反应。在失重状态下，莱伊卡照样进食、饮水、吠叫。按照计划，莱伊卡一直活到苏联十月革命40周年的1957年11月7日，在吃了最后一顿含有剧毒的晚餐后，安静地死去。

▲莱伊卡的小窝——密封舱。

◀ 太空狗莱伊卡塑像。

TIPS

死亡与光荣

2002 年，俄罗斯科学家首次向世界披露了一个惊人秘密：莱伊卡没像苏联官方声称的活得那么长。当时根据莱伊卡的医学传感器显示，太空舱内的温度和湿度一直不断上升，温度高达 40℃，但那台为莱伊卡降温的电扇压根儿不起作用。飞行五小时后，莱伊卡的脉搏渐渐消失，最后完全没了生命迹象。

莱伊卡是第一个环绕地球飞行的地球生物，人类从它身上获得了大量航天生理和医学信息。1958 年 4 月 14 日，"卫星 –2"号在太空中飞行 162 天，环绕地球 2570 圈后坠入大气层烧毁，莱伊卡的遗体也随之"火化"。

50 多年过去了，莱伊卡仍是世界上知名度最高的太空狗。在俄罗斯一座缅怀苏联已故宇航员的纪念碑前，每天都有来自世界各地的人们向莱伊卡献花，致以最崇高的敬意。

当我们看到人类飞上太空、登上月球，别忘了一只曾在街头流浪的小狗，它的名字叫——莱伊卡。

"探险者-1"号：
美国进入航天时代
（1958.2.1）

023

　　傲慢与偏见会妨碍科学的进步。苏联发射世界上第一颗人造地球卫星，让美国简直像又遭遇一次太空"珍珠港事件"。而"探险者-1"号卫星发射成功，不仅让美国挽回了面子，它更大的贡献是让美国进入了航天时代。

　　美国发射人造卫星的设想由来已久，但道路十分曲折。早在1945年，火箭专家冯·布劳恩等就致力于卫星发射研究。当时美国在火箭、电子、空气动力等领域取得了世界上最先进的技术成果，看来第一个发射人造卫星十拿九稳。1955年7月15日，美国总统艾森豪威尔早于苏联作出发射卫星的决定，于是全世界都知道：美国将第一个发射卫星。

　　美国十分轻视苏联，所以对苏联发射卫星的秘密不屑一顾，不相信科技水平远不如己的对手。美国国防部甚至规定，陆军

↓美国总统肯尼迪（右）问冯·布劳恩：太空就在那儿，可怎么上去呢？

86

▲"探险者–1"号卫星。

负责研制中程导弹，空军负责研制洲际导弹，而发射卫星由吃饱了饭没事干的海军负责。

"先锋"号火箭是美国海军开发的一种三级火箭，全长21.95米，最大直径1.14米，推力很小。1957年12月6日，"先锋"号火箭矗立在卡纳维拉尔角空军基地发射台上，准备发射美国第一颗人造地球卫星"先锋–1"号。此卫星呈圆形，重1.36千克，直径15厘米，有5根天线。

谁知"先锋"号火箭起飞一秒钟后，离开地面还不到两米，发动机的推力就开始下降，眨眼间便一头栽倒在发射台上爆炸了……只见它慢慢地倾倒、爆炸，横摔到地面上。卫星落在离发射台不远的地方，孤独地发出吱吱声，好像一只老鼠被踩了一脚。三分钟后，这里好像什么也没发生一样。

"先锋"号发射失败后，美国政府再也无话可说，只得允许冯·布劳恩用"丘比特"火箭发射"探险者–1"号卫星。此卫星是带锥头的圆柱体，质量13.97千克，其中科研仪器8.3千克，设计寿命111天。

1958年2月1日10时48分16秒，"丘比特"火箭载着"探险者–1"号从卡纳维拉尔角空军基地起飞。火箭晃晃悠悠地飞向太空，让火箭专家冯·布劳恩紧张到极点。他觉得从火箭点火到卫星入轨的8分钟，比8年还长。冯·布劳恩告诉陆军部长布鲁克：如果卫星进入轨道，它将在106分钟后通过加利福尼亚海岸上空，圣迭戈接收站会在12时41分收到卫星信号。

时间一分一秒地过去，就差一分钟了，喷气推进实验室主任皮

克林博士打电话问圣迭戈接收站收到卫星信号没有，对方回答没有。整41分时，皮克林又问收到卫星信号没有，结果还是没有。

一分钟过去了，两分钟过去了，皮克林开始有些不耐烦："现在收到没有？"

"没有，什么也没收到，先生。"

"怎么搞的？"皮克林对着话筒发火，"究竟为什么收不到？笨蛋！"

↑至1975年11月，美国"探险者"系列卫星共发射了55颗。

陆军部长布鲁克也沉不住气了，他问冯·布劳恩："这是怎么回事？"将军们也纷纷提出问题：卫星确实飞上天了吗？卫星是不是飞到别的地方去了？冯·布劳恩也感到奇怪，但说不出所以然来。

到底是怎么回事呢？就在这时，皮克林高叫："收到了！他们收到了！"冯·布劳恩看看手表和墙上的钟，摇摇头说："迟了8分钟，真有意思！"后来，冯·布劳恩才知道：卫星飞得高了一点，环绕地球飞行的时间便长了一点，所以地面收到信号就迟了。

就这样，苏联卫星上天119天后，美国终于将另一颗"小月亮"也挂到天上。从此，人类探索宇宙、角逐太空的历史拉开了序幕！

气象卫星：
总览地球风云
（1958.3.17）

一滴飘忽不定的雨水，一片横亘万里的云海，一道撕裂天空的闪电……它们都是地球的呼吸。气象卫星居高临下，察言观色，不但能预测天气、气候和灾难，更能发现未来，预测地球的前途，并告诫人类：破坏地球就是毁灭自己。

1958年3月17日，美国发射了世界上第一颗携带气象仪器的"先锋-3"号卫星。1960年4月1日，美国发射了第一颗气象卫星。到2013年底，世界各国共发射气象卫星180多颗。

为了满足中国天气预报、气候预测和环境监测等方面的迫切需求，中国于北京时间2013年9月23日11时许成功发射了第三颗"风云-3"号气象卫星，目标是获取地球大气环境的三维、全球、全天候、定量、高精度资料。

气象卫星是建立在太空中的气象台，能快速、大范围、

↑气象卫星观测地球。

连续完整地观测气候，提供天气、云层、温度、台风、洪水、雪灾、沙尘暴等气象情报，并把卫星云图等气象信息发给地面。气象卫星的特点是稳、准、快，能提供全球、全天候、三维立体的气象数据。

气象卫星上携带了多种气象遥感仪器，如可见光红外成像仪、红外大气探测器、微波大气探测仪、GPS 大气探测仪、微波成像仪、紫外臭氧探测仪、地球辐射收支探测仪、气溶胶偏振探测仪等。气象卫星的可见光红外成像仪能监控地球表面和气象，如飓风、暴风雨等相关现象，并对受袭地区提前发出警告。气象卫星上携带的高分辨率扫描辐射计和垂直探测器，可以平面扫描和立体扫描地球和云层。

↑ 2014 年美国将发射的"全球降水测量"卫星。

根据轨道不同，气象卫星分为两类：极地轨道气象卫星沿着地球的南北极方向竖飞，102 分钟环绕地球一圈；地球静止轨道气象卫星沿着地球赤道的西东方向横飞，24 小时监测同一地区的气象变化。如果这两类卫星同时在天上工作，就可以纵横交错地组成全球监测气象网，提供实时和 21 天气象信息，描绘全球数字气象图。

气象卫星有两种传输方式：气象卫星一面探测一面传输各种测量数据和图像，称为实时传输；气象卫星先将各种气象信息数据存储起来，等到路过某地再传输给地球地面站，称为延时传输。美国"诺阿"气象卫星每天扫描全球，可以实时传输几万个地点的数据给地面，

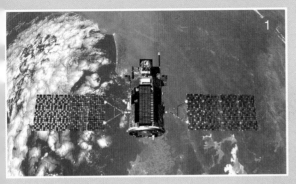

① 美国"荣耀"环境卫星。
② 欧空局"哨兵"多光谱图像环境卫
星观测地球。
③ 中国"风云–3"号气象卫星。
④ 气象卫星的多普勒雷达网络。
⑤ 卫星照片：太平洋风暴与风暴眼。
⑥ 卫星照片：冰岛上空的红外云图。
⑦ 气象卫星扫描地球。

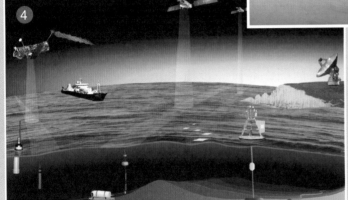

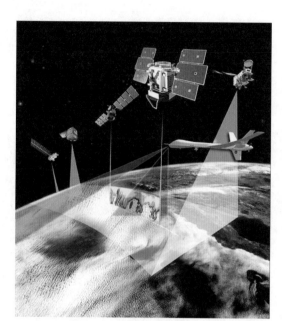

↑气象卫星与无人机共同观测作战。

也可以把 A 地的云图贮存在光盘里，在卫星飞经 B 地上空时传给 B 地地面接收站。这些卫星云图号称"飞翔的图片"。

卫星云图也有两种拍摄方式：一种在自然光下拍摄的可见光云图，只限于白天工作；另一种利用红外线拍摄的红外云图，可以全天候工作。气象卫星接收、测量和拍摄地球及其大气层的可见光、红外与微波辐射，并转换成电信号。地面台站将卫星送来的电信号复原绘制成云层、地表和海面图，经进一步技术处理，即可得到各种精确的气象信息。

气象卫星从空中、海面甚至海底采集准确数据，组成一个多普勒雷达网。气象学家分析卫星云图和多普勒雷达网等综合气象信息，便可以及时报告天气预报和短期、中期、长期气象预报。

天气，不是朋友就是敌人。军事气象卫星不但提供气象信息，更要追赶战争风云。它增强了夜视和红外探测能力，提供更高精度的图像、高保真数据，全时空获取气象数据。在未来战争中，气象卫星显示出越来越重要的作用。

范·艾伦辐射带：
太空百慕大
（1958.7.26）

　　"探险者–1"号卫星的科学贡献，是发现了范·艾伦辐射带。从范·艾伦辐射带开始，人类开创了空间探测学、空间天气学、空间辐射学、航天医学等学科，不但为未来航天器设计和制造提供了理论依据，也为太空航行指引了航向。

　　神秘的太空，总有神秘的事情发生。最先研究北极光的挪威科学家伯克兰和研究高能粒子的美国籍希腊物理学家克里斯托菲洛斯，从各自专业角度提出太阳风暴对地球磁场的影响。为什么会发生北极光呢？1903年，挪威数学家、物理学家卡尔·斯托默认为：在地球周围应该存在一个带电粒子捕获区，激发北极光。他提出粒子被困在磁场的可能性，并给出被困粒子的轨道。卡尔·斯托默仅仅是猜

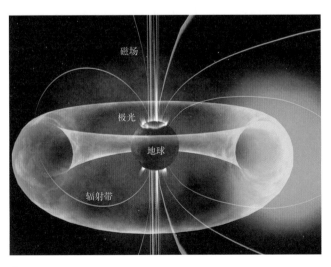

↑太阳风暴造成辐射带和极光。

想，从计算和理论上证明地球周围存在一个神秘而危险的空间。这样的空间真的存在吗？

　　1958年2月1日，"探险者–1"号卫星发射升空后，测控人员报告卫星的内部和外壳温度一切正常。当飞行到高1000千米时，"探险者–1"号卫星的盖革计数器读数开始下降，而且飞行越高下降越大，直至0，达到令人难以置信的辐射强度。这是一个不正常的情况。

　　空间物理学家范·艾伦研究认为：这是盖革计数器遭到超量的高能带电粒子辐射最终失灵造成的。1958年3月26日，"探险者–3"号卫星发射，飞离地球10万千米。范·艾伦猜测：盖革计数器仍会发生读数下降到0的情况。事实果然如此。

　　同年7月26日，美国又发射了"探险者–4"号。为了验证高能带电粒子辐射，范·艾伦在盖革计数器前端加入一片薄薄的铅片。铅片可以阻挡或减少高能带电粒子辐射，卫星证实了范·艾伦的猜测，盖革计数器读数下降很少。范·艾伦因此证实了高能带电粒子辐射的猜测，也证实了卡尔·斯托默的猜想是正确的。

　　辐射带里的高能带电粒子来自哪里？根据太阳动力学原理，高能带电粒子主要来自太阳风暴，是被地球磁场俘获的宇宙射线粒子。

它们由高能电子和高能质子组成，分布在海拔 1000 ～ 60000 千米高度之间，形成辐射带。高能带电粒子在辐射带内来回运动，但不能逃出辐射带，也不会直接危害地球。当高能带电粒子大量辐射，并侵入地球南北极大气层，会激发电光。这就是绚丽多彩的极光。

为了表彰范·艾伦的杰出贡献，高能带电粒子辐射带被命名为范·艾伦辐射带。范·艾伦辐射带共两条，像两只环绕地球的巨大甜甜圈：一条为被困质子形成的内辐射带，高度在地面 2000 ～ 8000 千米之间；另一条为被困电子形成的外辐射带，在海拔 15000 ～ 20000 千米高度之间。两条辐射带之间的缝隙称为安全带，辐射和高能带电粒子较稀少。

科学证明，地球磁场并不会阻碍人类进行宇宙探索，但太阳风暴会危害地球电力设备、无线电通信、卫星通信、航天发射和航空航海。由于高能带电粒子穿透力很强，对卫星、宇宙飞船、航天飞机、空间站和空间探测器等航天器造成辐射，对宇航员、太空旅行有一定危害性，范·艾伦辐射带也被誉为太空"百慕大"。

如何避免太空"百慕大"辐射？首先，航天器覆盖防护层，穿上"盔甲"；电子仪器设计为防辐射，增强"免疫力"；可迅速通过不停留，学会"跑步"；按规定的轨道高度运行，避免"走错路"；特别要注意空间天气预报，提高警惕性。由于范·艾伦辐射带分布范围有限，卫星大部分在辐射带之间的安全带或之外的空间飞行，尽量避开这个高度禁区是最佳方案。

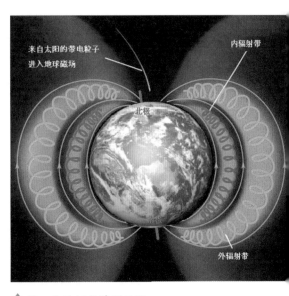

↑ 范·艾伦辐射带剖面图。

范登堡空军基地：
最神秘的发射基地
（1958.12.16）

范登堡空军基地濒临美国西海岸，地理位置优越，有利于向南发射极轨道、向西发射高倾角轨道的军事卫星和洲际导弹。它的航天发射次数居全美之首，美国的军事卫星、间谍卫星和洲际导弹大都从这里飞上太空，因此它还有一个恐怖的名字——太空杀手。

范登堡空军基地位于美国加利福尼亚州圣巴巴拉县隆波克西北约 15 千米，距洛杉矶约 240 千米。1958 年 10 月 4 日，为纪念前空军参谋长霍伊特·范登堡将军，美国空军将原库克空军基地重新命名为范登堡空军基地。

TIPS

范登堡空军基地位于阿圭洛角地区，向南伸向太平洋，是发射大倾角航天器，特别是极地轨道航天器的良好场所。图为范登堡空军基地大门。

➡ 发射台夜景。

范登堡空军基地是美国最重要的军用航天发射基地。这里戒备森严，连只苍蝇也飞不进去。哪怕是美国国家宇航局的专家，到此执行发射任务，也必须在规定的颜色线条内活动。专家们在规定的食堂吃饭，对面有美国大兵盯着；上卫生间，也有影子跟着，并在门外站岗放哨。

安全、绝密是军事基地最重要的任务。1958 年 12 月 16 日，范登堡空军基地第一次发射"雷神"弹道导弹。1959 年 1 月 21 日，范登堡空军基地发射了世界上第一颗极地轨道卫星，也是美国第一颗军事卫星——"发现者"号，从此开始军事卫星发射。

范登堡空军基地主要发射各种军用卫星和洲际导弹，还用于洲际导弹试验、武器系统作战试验、太空武器飞行试验。到 2012 年底，共有 1918 个航天器和弹道导弹从范登堡空军基地升空。这些军事卫星覆盖地球的绝大部分地区，执行导航定位、气象预报、军事通信、军事测量、照相侦察、电子侦察、导弹预警等军事任务。

在范登堡空军基地内，有一个著名的秘密机关——美国空军教育与训练司令部第 381 训练大队。该大队负责为美国太空部队训练洲际导弹发射、太空发射和太空飞行的人才，并为洲际导弹、太空监视、导弹预警、太空运输、卫星指挥与控制的操作员提供训练。

1972 年，范登堡空军基地被选为美国西海岸航天飞机发射和降落点。1985 年，范登堡空军基地改建成一座航天飞机降落机场——跑道长 4573 米，宽 60 米，成为美国第二座航天飞机发射场。

　　原先造价超 40 亿美元的航天飞机发射场，包括载人轨道实验室、巨大的移动服务塔、固体火箭助推器发射的火焰导管、液态氢和液态氧储存罐，有效载荷准备、发射塔的逃生系统、灭火消防系统、移山填海区等大量基础设施和设备，如今都被遗弃。它一直静静地等待航天飞机的到来，但航天飞机从没来过，也永远不会来了。

　　2010 年 4 月 22 日以来，美国空军号称比核弹更威猛的"X–37B"空天飞机，都是从美国佛罗里达州卡纳维拉尔角空军基地发射，在范登堡空军基地的跑道着陆。现在，从太空到地球，范登堡空军基地雄心勃勃。

➡ 发射失败。

军事卫星：
抢占战略制高点
（1958.12.18）

　　一个魅影在太空悄悄飞行。它不但抗辐射，能变轨，还会隐形，施展魔法与猜想。由于语言清晰，思路敏捷，视觉、听觉和感觉极佳，它比一般卫星科技更先进。这个号称"军事卫星"的家伙不是挑起战争，就是阻止战争，让世界在战争与和平之间徘徊，令人又爱又恨。

　　冷战，是一场斗智斗勇、没有硝烟的战争。1955 年 8 月的一天，美国驻苏联大使馆一空军武官在应邀观看莫斯科航空表演时，惊讶地看到三批战略轰炸机在空中呼啸而过。

　　当晚，一份"紧急密电"放到美国总统艾森豪威尔的办公桌上：苏联的战略轰炸机要比美国多四倍。

　　美国为此焦急万分，苏联却暗自高兴：老美又上当了。原来，这是赫鲁晓夫精心设计的一场骗局：参加表演的就那几架战略轰炸机，第一批飞过后，在远处加入另外几架组成第二批，周而复始。最让观看者震惊不已的第二批

99

军事卫星联合作战。

18架飞机，实际上是苏联远程轰炸机的全部家当。此次莫斯科航空表演，使美国深深陷入与苏联存在着"战略轰炸机差距"的惊恐和不安中。

但美国也有自己的法宝：洛克希德公司研制的"U-2"战略侦察机1955年开始服役，航程约6000千米，飞行高度达2万米以上，让苏联看得见打不着，只能忍气吞声。在"U-2"飞机对苏联进行一番侦察后，美国发现与苏联的"战略轰炸机差距"并不存在，莫斯科航空表演纯粹是场骗局。

为了抢占太空优势，美、苏开始了太空竞赛：1955年3月16日，美国空军正式下令研发侦察卫星；1957年10月7日，苏联首先发射第一颗人造地球卫星进入太空；1958年12月18日，美国成功发射第一颗军事卫星"斯科瑞"号。

军事卫星是一个大家族。20世纪60年代，美国每年发射军事卫星40～50颗，占发射总数的40%，苏联占60%以上。冷战结束后，美苏军事卫星发射都有所下降，近年来又有所提高。据2013年底统计，各国共发射军事卫星3950颗，占卫星总数的54%。目前，美国、俄罗斯的军事卫星都已部署到第6代，研发第7代。由此可见，军事侦察卫星已成为战略武器不可缺少的伙伴。

为了占领太空高地，苏联及俄罗斯军事卫星曾达到无人想象、登峰造极的地步：发射太空核武器，将三座"联盟"号空间站改装为"钻石"军事空间站，研制、发射"极地"反卫星核雷。到2013年底，俄罗斯"宇宙"号军事卫星已达2490颗。

现在，美国拥有世界上数量最多、性能最先进的军事卫星。目前近 900 颗卫星正在环绕地球飞行，美国拥有近 450 颗，其中 200 多颗军事卫星，有 50 多颗是各种侦察卫星。

在战争、防御、空袭、防空作战中，军事卫星提供战场实况信息、目标信息、空袭预警信息等，为各兵种联合作战提供战略战术侦察、战斗攻击、导航定位和通信保障等多种支持，甚至改变现代作战方式。如 2003 年 3 月 20 日，第二次海湾战争爆发，在"自由伊拉克"行动中，美、英联军 16 种类型 157 颗卫星投入战争，其中通信卫星 106 颗、侦察卫星 15 颗、导弹预警卫星 24 颗。士兵进行战斗或陷入危机，不是召唤飞机，而是呼叫卫星；各种侦察、作战、地图信息，用鼠标点击，一秒钟即可获得。

军事卫星抢占战略制高点，会将敌人消灭在太空以下。

➡ 根据功能和用途，军事卫星分为三大类：军事应用卫星、军事服务卫星和军事科技卫星。

通信卫星：
开启卫星通信时代

（1958.12.18）

　　在地球与太空之间，通信卫星架设了一座信息传输的桥梁，被誉为镶嵌在太空中的珍珠。如果你没有离开地球，去别的星球旅游，全球 500 颗通信卫星会为你服务。通信卫星不但改变人类的生活方式，甚至改变人类的思想。

　　"祝你圣诞快乐！我是美国总统。神奇的科技进步，让我的声音来自一颗卫星。我谨通过这种独特的方式，向你和全人类传达美国的和平愿望和善意！"

　　1958 年 12 月 18 日，美国陆军发射"斯科瑞"号卫星。美国老百姓突然听到艾森豪威尔总统的卫星讲话，不禁既兴奋又惊奇：天哪，他怎么到天上去了！

　　1960 年 8 月 12 日，美国发射"回声 –1A"号试验通信卫星。这颗试验通信卫星像气球，但材料是特别结实的聚

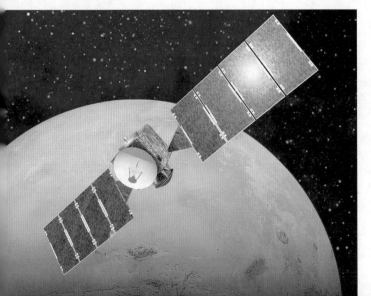

◀ 通信卫星。

脂薄膜，虽然厚度还不及香烟盒里的锡纸，却可以抵御陨石袭击。为了增加无线电波的反射能力，薄膜表面又涂了一层更薄的铝箔，能让反射率达到90%以上。发射前，"回声–1A"号被挤瘪了装进一只小箱子。卫星定位两分钟后，里面的升华剂被阳光照射后膨胀，便变

↑ "辛康"号：同步轨道通信卫星。

成大气球。这是人类在卫星通信道路上迈出的重要一步。

当年秋天，美国贝尔电报电话公司开始研究通信卫星，并将第一颗通信卫星命名为"电星–1"号。"电星–1"号也像气球，但比"回声–1A"号那只光秃秃的大气球漂亮多了，表面贴了太阳能电池硅片。"电星–1"号与"回声–1A"号的最大区别是通信方式："回声–1A"号是无源反射信号，而"电星–1"号是利用电源转发信号。1962年7月10日，"电星–1"号升空，进行了人类第一次电视传输试验。

20世纪60年代初，美国宇航局研制了三颗"辛康"号地球同步通信卫星，其中"辛康"号卫星是世界上第一颗地球同步轨道通信卫星。1964年10月10日，第18届日本东京奥运会开幕。"辛康–3"号向全世界现场直播了奥运会盛况，让人们第一次看到通信卫星的快捷、功能和活力。

1965年4月6日，美国国际通信卫星组织发射了第一颗地球静止轨道通信卫星"晨鸟–1"号。它有四大特点：自旋稳定，陀螺仪姿态控制，太阳能供电，提供电话、电报、传真和电视传输通信。从此，人们可以通过卫星打洲际电话，美国迪斯尼动画片开始传遍全球，

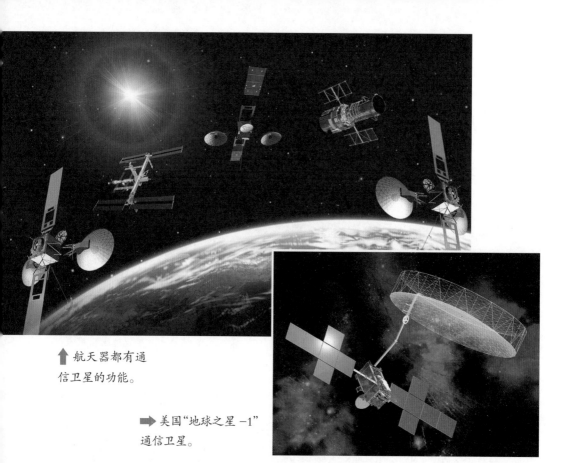

↑ 航天器都有通
信卫星的功能。

➡ 美国"地球之星-1"
通信卫星。

为少年儿童带来欢乐和想象。

如今，卫星电视正朝高清晰化、多媒体化、立体化三大方向发展。随着通信卫星的种类越来越多，功能越来越强，种类和功能一面越来越清晰，一面又越来越模糊，这是为什么呢？

原来，从20世纪60年代通信卫星上天，密码学也跟着上天。密码是一种重要保密手段，可以对卫星传输的文字、语音、图像、数据实施加密、解密，不让别人或敌人看见、听见，因此成为通信卫星的护身符。

请记住通信卫星的两大特点——大天线和大翅膀。瞧，圆形、椭圆形和网状等造型各异的大天线，用于接收和发射信号；漂亮惊艳的大翅膀，是太阳能帆板，为卫星提供电力。通信卫星为人类打开一个五彩缤纷的世界，也让人们彼此的心灵更亲近。

空间探测器：
研究宇宙的"细胞"
（1959.1.2）

空间探测器穿越时空，探索宇宙的奥秘，拓展了人类的视野，更开拓了人类的思维。它们天生胆大心细，各显神通，探测成就不但超越了过去5000年的宇宙观，而且在人类文明史和宇宙探索史上也书写下光辉篇章。

宇宙真奇妙。宇宙是天地万物的总称，通常被定义为空间、时间以及所有的物质和能量，包括总星系、超星系团、星系团、星系、恒星、行星、星云、暗物质、暗能量等。

宇宙从哪里来？对此，宇宙学上有许多假说，其中主流学说认为：宇宙是在一

⬆ 空间探测器。

↓远距离探测。

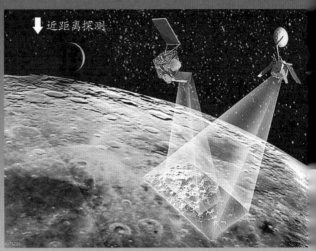
↓近距离探测

次大爆炸中诞生的。那宇宙多大年纪了？ 2013 年，根据宇宙微波背景辐射观测，宇宙年龄最精确的估计为 137.98 ± 0.37 亿年。宇宙有多大？据最新科学观测，宇宙半径约 460 亿光年。不过，宇宙还在膨胀，而且速度加快。

　　为了探索宇宙奥秘，人类发明了各种空间探测器。它们是装载各

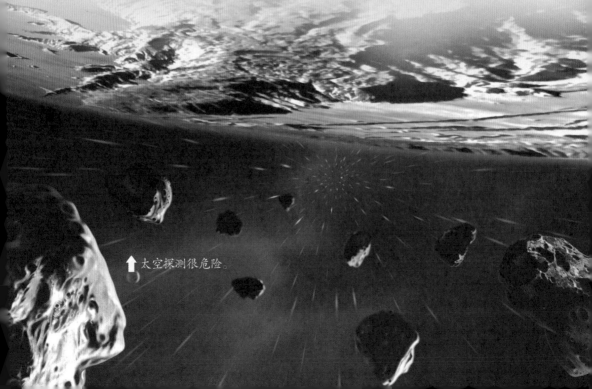
↑太空探测很危险。

种探测仪器，探索宇宙空间奥秘的航天器，被誉为太空科学家。空间探测器主要分为月球探测器、行星探测器、行星际探测器、小行星探测器、彗星探测器、太阳探测器等。

"月球 –1" 号探测器发射当天。

1959 年 1 月 2 日，苏联成功发射了"月球 –1"号探测器，从距月球 6000 千米处飞过，首次探访了月球，拉开了空间探索的序幕。

1969 年 7 月，美国"阿波罗 –11"号飞船首次登月考察。之后，美国"先驱者 –10"号探测器穿过土星轨道并越过海王星轨道，"先驱者 –11"号、"旅行者 –1"号和"旅行者 –2"号探测土星及其卫星和光环结构……

就这样，从 1959 年开始，人类到月球、月球以外的深空进行探测活动。各种空间探测器相继考察了月球，拜访了太阳系的所有行星，描绘了星际地图。其中，人类对月球的考察最详细，甚至派遣了宇航员赴月球实地考察。通过这些活动，科学家初步揭开了月球和太阳系各大行星的不少奥秘，解开了天文学家争议不休的许多不解之谜。

空间探测主要集中在地球环境、空间环境、天体物理、材料科学和生命科学等方面。到 2013 年底，全世界已发射了 230 个空间探测器，对宇宙空间的探测也取得丰硕的成果，所获知识超过人类数千年所获知识总和的千万倍。

宇宙神秘的面纱已徐徐掀开。现在，人类最远的探测器已飞出太阳系，前往银河系深处，传播地球文明，寻找人类知音。

测绘卫星：
数字化地球
（1959.8.7）

030

从地面测绘到航空测绘，从航空测绘到卫星测绘……测绘卫星能测绘地面、地下、海洋、海底、天空和太空，甚至测量地球大小、速度和重力的微妙变化，为地球绘制一幅数字化地图。而战争和航天，更需要测绘卫星大展身手。所以说，测绘也是一种力量。

1992年12月，索马里800多万灾民陷入水深火热之中。为了保证联合国救援物资的发放，打击军阀和反政府势力，联合国3.8万维和部队开赴索马里，执行"恢复希望"行动，却遇到一系列麻烦：索马里首都摩加迪沙国际机场跑道有多长？跑道上有多少路障，分布在哪里？大型运输机能否降落？

测绘卫星测量大地

为此，美国国家侦察局马上派遣"地理星"号测绘卫星和两颗照相侦察卫星，测量了机场，拍摄了机场的最新照片。几天后，第一架满载联合国食品和美军海军陆战队的大型运输机，在没有机场塔台指挥，仅仅依靠卫星导航和卫星测绘数据的情况下，突然在摩加迪沙国际机场下降、滑行、躲避路障，最后在机场尽头的边线戛然停住……

这里起关键作用的，就是专门用于大地测量的测绘卫星，又称测地卫星、制图卫星。

如果测绘卫星与侦察卫星配合，不但能了解敌人的攻击计划、战略计划，如支持秘密侦察，发现敌人的核武器和生化武器，而且还能监测敌人的军事部署和海岸防卫威胁、海上通道安全，监测恐怖分子的袭击，截获信号并找到来源。

人类生活在地球上，并没有完全认识地球的真正面貌。1959 年 8 月 7 日，美国发射"探险者 –2"号卫星，第一次拍摄了地球全景照片，人类才看到自己生活了几十万年的地球。从此，人类用测绘卫星重新测绘了自己的蓝色星球并监护自己的家园。

哪条河是世界上最长的河流？以前的教科书和埃及人都这么说：尼罗河是世界第一大河流。巴西、秘鲁和哥伦比亚却通过考察认为：

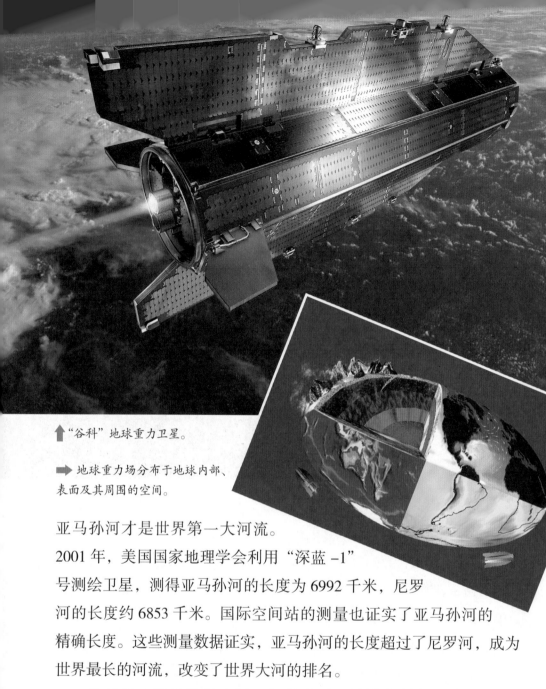

▲ "谷科"地球重力卫星。

➡ 地球重力场分布于地球内部、表面及其周围的空间。

亚马孙河才是世界第一大河流。

2001 年，美国国家地理学会利用"深蓝 –1"号测绘卫星，测得亚马孙河的长度为 6992 千米，尼罗河的长度约 6853 千米。国际空间站的测量也证实了亚马孙河的精确长度。这些测量数据证实，亚马孙河的长度超过了尼罗河，成为世界最长的河流，改变了世界大河的排名。

地球重力场虽然很冷门，却很重要。科学家研究地球重力场，可以发现地球内部质量、密度的分布和变化，应用于大地测量、地球物理学、地球动力学等，如地球重力场会随纬度变化而变化，也会随高度变化而变化。

苏联登月计划：
太空竞赛胜败启示录
（1959）

031

20 世纪 50 年代末，苏美开始登月竞赛。当时苏联不但火箭技术、航天技术一直领先于美国，而且发射飞船最多，并夺得世界航天 70% 以上第一名，为什么苏联没有先登上月球呢？原来，太空竞赛不仅仅是一场政治、军事、实力和战略的较量，更是一种精神的较量。

人造卫星、太空狗莱伊卡和加加林刚上天，苏联就制订了两个独立的月球计划：一个是双人的绕月飞行计划，一个是单人的登月计划。苏联要在世界毫不知情的情况下，再创造一个奇迹。

1959 年，赫鲁晓夫要求在 1967 年 10 月实现载人登月飞行，将红星国旗飘扬在月球上空，以庆祝苏联十月革命胜利 50 周年。为此，苏联制订了代号为"N1–L3"的登月计划。登月必须有一枚动力强大的运载火箭，一艘多功能的宇宙飞船。"N1–L3"登月计划中的"N1"就是"N1"

⬆ "N1"登月运载火箭。

↑"联盟"号登月飞船侧视图。

登月运载火箭，"L3"就是登月飞船的三个组成部分。

从 1959 年开始，这个庞大的登月计划便开始秘密执行了。苏联火箭总设计师科罗廖夫踌躇满志，设计制造了 10 枚"N1"登月运载火箭。"N1"登月火箭可谓迄今为止最大的火箭之一：它顶天立地，让人望而生畏。而"联盟"号登月飞船以著名的"联盟"号飞船为样本，由对接机构、球形轨道舱、钟形返回舱和设备舱组成。它长近 10 米，重约 9.85 吨。两名宇航员在 7 天往返月球的旅途中都待在这艘飞船中，并最终由飞船返回舱将宇航员送回地面。

为此，苏联还进行了 12 次无人月球飞船发射，5 次飞临月球。飞船中的乘客是乌龟、大麦等小动物和植物。另外，苏联研制了大量登月工具，如无人月球探测器、无人登月车、宇航员登月服等。

想不到，1966 年科罗廖夫病死，加上缺乏资金，苏联登月火箭的研发工作变得进展缓慢。1969 年 7 月 20 日，美国成功登月，苏联的登月竞赛因此失去意义。

其实，为了和

↑"N1"登月火箭难圆登月梦。

平利用外层空间，1959 年联合国便成立了永久性机构——和平利用外层空间委员会（简称"外空委员会"），下设法律、科技两个小组委员会，分别审议和研究有关的法律和科技问题。除了 1963 年联大通过的宣言外，外空委员会先后草拟了 5 项有关外空的国际条约，即《关于各国探索和利用包括月球和其他天体在内外层空间活动的原则条约》（1966 年，简称《外层空间条约》）、《营救宇宙航行员、送回宇宙航行员和归还射入外层空间的物体的协定》（1967 年）、《空间物体所造成损害的国际责任公约》（1971 年）、《关于登记射入外层空间物体的公约》（1974 年）和《关于各国在月球和其他天体上活动的协定》（1979 年）。中国于 1983 年 12 月加入了《外层空间条约》。

目前，联合国外层空间事务厅主要负责促进各国在空间事务上的合作、协调各国空间立法、避免太空垃圾和行星碰撞给地球带来不利影响等事务。

散热器

航天电子

天线

起落架

姿态控制推力器

电视摄像机

月球登陆的舱口

月球登陆的梯子

↑ 登月舱前、后、侧面结构。

113

猴子宇航员：
太空飞行急先锋
（1959）

　　在人类进入太空前，科学家将猴子（包括猕猴、食蟹猴、松鼠猴、猪尾猕猴）装入运载火箭发射进入太空。正是通过研究灵长类动物太空旅行的生理效应，科学家了解了人类太空飞行的可行性和科学原理。可以说，猴子宇航员是人类太空飞行的开路先锋。

⬆ 太空猴戈多。

　　1958 年 12 月 13 日上午，一只来自南美洲原始森林的幼小松鼠猴戈多，天真活泼地来到美国佛罗里达州卡纳维拉尔角空军基地。由于猴子的解剖结构、温度敏感性类似人类，戈多很适宜执行太空试验任务。

　　具有历史意义的太空飞行开始了——戈多搭乘运载火箭从卡纳维拉尔角导弹靶场发射，总共飞行了 15 分钟，经受了 8.3 分钟的失重，最后以每小时超 16000 千米的速度重新进入地球大气层。科学家高兴地监测到，戈多承受了比宇航员还要高的速度和强度后，除了脉搏轻微放缓，并没遭受到因太空超重、失重和重返大气层造成的不良影响。

由于技术故障妨碍了开启降落伞，戈多以超音速的速度降落，偏离了溅落点，最终坠入距佛罗里达州海岸 1000 多千米的南大西洋深海。尽管搜索部队四下搜索，它最终未被找回。

1959 年，一只叫面包师的猕猴被发射到太空。它在太空中旅行了 16 分钟，经历了超重和失重的痛苦煎熬。深植在它体内的电极，向科学家提供面包师的体征在太空中的复杂变化数据。在飞行了将近 3 万千米后，猴子宇航员面包师第一个安全着陆。

TIPS

戈多航天，是一条有去无回的绝路。图为戈多在试验舱内。

猴子宇航员出征太空，不但要忍受极大的危险和痛苦，还要遭受合理但不公正的折磨：将一只调皮可爱的猴子变成一只会吃水果的僵尸——因为科学家要的是猴子的身体，而不是猴子的活泼和灵性。

看，猴子被装进像无盖的棺材一样的器具，头被牢牢固定进面罩，只露出眼睛、鼻子和嘴巴。全身被绑在"棺材"里不能移动，也不能动弹。它的两只手被帆布手铐锁住，一双脚用脚镣定死，不能活动。本来，飞上太空尽管十分危险，仍是一件快乐的事，可为人类探险的猴子宇航员如同犯了死罪，竟生不如死，忍受最残酷的刑罚。

从 1983 年到 1996 年，苏联（俄罗斯）多次发射火箭，将猴子像炮弹一样送入太空。科学家通过观察猴子宇航员的体征，判断人体在太空辐射下的反应，从而研究出具体对策。

面包师：上太空如同上刑。

我是谁？太空英雄！

1983 年 12 月 14 日，苏联第一只猴子宇航员阿比瑞克从苏联拜科努尔航天中心发射升空，绕地球飞行约 7 天，20 日回到地球。经历太空惊险飞行后，阿比瑞克很忧伤，此后看见穿军服的官兵就露出尖利的牙齿。

1992 年 12 月 29 日至 1993 年 1 月 7 日，猴子宇航员卡容诗和伊娃莎经过 10 天太空飞行，安全回到地面，同时完成一项神秘而又艰巨的任务：16 岁的卡容诗在实验舱里住着宽敞又柔软的豪华单间，它在晕晕乎乎中感觉身边多了一只小猴，那是它的孩子——卡容诗创造了在太空生产的世界纪录。当卡容诗抱着小猴返回地球时，受到总统般欢迎。同行的伊娃莎也不简单：它怀着身孕奔赴太空，同样安然无恙。

1996 年 12 月 24 日，俄罗斯最后一次发射太空猴成功。猴子宇航员拉皮克和姆尔·克执行一项秘密飞行，并于 1997 年 1 月 7 日安全返回。它们到底执行了什么神秘使命？俄罗斯科学家说——保密！

导航卫星：
为时空定标
（1960.4.13）

1956 年，人类发射卫星之前，美国理论物理学家温特贝格提出利用人造卫星，在轨道上放置精确的原子钟，进行广义相对论测试。他的建议打开了一扇相对论的大门，无意中也打开了一扇全球授时和导航的大门。如今的导航卫星功能强大——精准时空，掌控全球。

1957 年 10 月 4 日，苏联发射了"卫星 –1"号。美国霍普金斯大学应用物理实验室的两位博士在监控苏联第一颗人造卫星无线电传输时无意中发现：卫星临近时无线电信号频率增高，卫星飞远时信号频率就降低。这是典型的多普勒效应——多普勒频移。根据多普勒频移，可对卫星的高度、倾角、速度、运行等轨道参数进行一系列测量，计算出卫星运行轨道。

TIPS

奥地利物理学家多普勒（1803–1853）发现，波源和观察者作相对运动时，观察者接收到的频率和波源发出的频率不同，这又称多普勒效应。

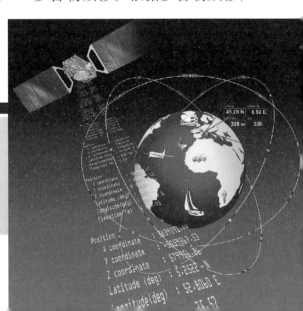

↑ 导航卫星具备三大功能：绝对位置、相对运动和精确授时。

　　当时，人们很难相信太空中也与地球上一样，适应多普勒效应。当两位博士使用美国海军最新的计算机重新计算，并向媒体公布苏联第一颗人造卫星的轨道参数时，苏联人傻眼了。苏联人只知道美国计算机强大，却不知道美国已经掌握卫星多普勒频移的秘密。

　　两位博士继续监测苏联发射的"卫星–2"号及后来的卫星。1958年2月1日，美国发射第一颗卫星"探险者–1"号。他们监测发现，美国卫星的表现与原先苏联卫星都和自己猜测的一样，由此得出：卫星信号确实存在多普勒频移。

　　于是，一个逆向思维的问题产生了：如果知道卫星的坐标和位置，能找到自己的坐标和位置吗？这个问题直接导致了导航卫星的诞生。1958年3月，一个在轨道设置卫星导航台的想法开始萌芽。谁也想不到，导航卫星的灵感来自苏联发射的第一颗人造卫星。

　　1960年4月13日，美国海军成功发射"运输导航–1B"导航卫星。1963年，全球导航卫星的概念诞生了。1973年劳工节那天，美国国防部大约12名军事人员在五角大楼讨论通过了建造导航卫星计划。为了区别卫星与导航卫星的名称，一个更完整的名字诞生了——全球定位系统，简写 GPS。

10 年前，世界最先进的第一种隐形飞机是美国的"F-117"夜莺攻击机。它拥有多种卫星定位功能，如逃生座椅、头盔中的无线电和卫星定位仪。1999 年 3 月 27 日，在科索沃战争中，一架美国"F-117"夜莺攻击机在完成轰炸任务后返航，被南联盟防空导弹击落。

为营救飞行员，美军派出 7 架飞机进行搜救。根据卫星导航仪的定位信息，直升机盘旋在飞行员藏身之处的上空，并赶在南联盟军队之前救出飞行员。从击落到救援成功，此次救援"F-117"飞行员行动共用了 6 小时。由此可见：光靠地图和指南针的作战模式已成为过去。

TIPS

导航卫星是应用卫星的一种，有多普勒测速导航卫星、时差测距导航卫星和测距导航卫星三种。

目前，美国全球定位系统已普及到世界的各个角落，俄罗斯"格洛纳斯"全球导航卫星系统、欧洲的"伽利略"全球导航系统、中国"北斗"区域导航系统、印度区域导航卫星系统和日本"准天顶"区域导航卫星系统则正在建设中。

电子侦察卫星：
超级间谍
（1960.6.22）

　　电子侦察，是一种致命的读心术。由于在陆地、海洋上的电子侦测只能监测很小一部分，空中也不解决大问题，电子侦察卫星便应运而生，并捅开太空电子侦察、太空电子战的马蜂窝。卫星电子侦察，更是一种超级间谍。

⬆ 空间电子情报一直是美国军事侦察的核心手段，被美国国防部称为"第五使命"。

　　电子通信是感情的交流、秘密的传递、心灵的飞翔。蓝色电波在空中、太空架起心声的桥梁，而军事通信更关系到国家安危、战争胜败和将士死活。保密作为通信的必要手段，不但体现在行动、技术、信息上，更渗透到血液里。

↑ 电子侦察卫星监听世界的每一个角落。

从太空时代开始，电子情报战已延伸到空间。电子侦察卫星，其真正意义是信号情报侦察卫星。它们特征明显，大多数长着大耳朵——监听天线，号称"太空之耳"，是一种专门拦截、窃听、遥测通信等机密信息的侦察卫星，并具有两大功能：电子侦听和目标定位。

1960年6月22日，美国海军研究实验室第一颗电子侦察卫星"抓斗–1"号发射成功。目前，美国先进的电子侦察卫星是第5代电子侦察卫星"入侵者"和可以隐形的"徘徊者"静止轨道电子侦察卫星。

2001年"9·11"后，美国全球通缉恐怖袭击的主谋、基地组织老三哈立德·穆罕默德。穆罕默德销声匿迹一年，美军在阿富汗几乎搜遍每块石头、每棵小草，都一无所获。2002年10月，穆罕默德在巴基斯坦某地与同伙通话，被美军电子侦察卫星截获。根据音频声纹分析，美军确定是基地组织老三，马上对其所在的经纬度进行精确定位，然后神兵天降，将这个"9·11"恐怖袭击的主谋逮个正着。

不过，电子侦察卫星也不是万能的。对付电子侦察卫星的关键是严格控制和管理电磁辐射，尽量减少使用电磁辐射信号，以免被敌方掌握行动规律和实力。如果能改变目标辐射特征，还可以削弱电子侦察的效果。

　　冷战期间，苏联每天都向部队通报美国及盟国侦察卫星的飞行情况，同时各部队和军事基地的重要电子装备在卫星通过上空时都要关机。人们甚至可以制造一些假目标、假信号，迷惑、欺骗电子侦察卫星。现在，这些方法不灵了：高椭圆轨道或静止轨道的电子侦察卫星可以24小时无缝隙监听同一地方的信息，而且电子侦察卫星也进化到能识别真伪信号的水平。

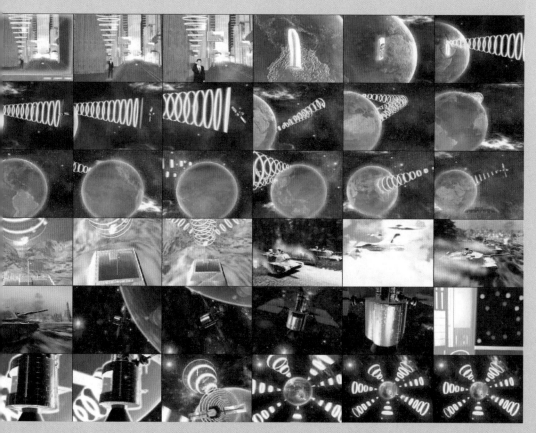

↑电子侦察卫星号称"空中的耳朵"。

照相侦察卫星：
图像也是一种力量
(1960.8.18)

035

照相侦察卫星在太空进行照相侦察，是战略战术不可或缺的伙伴。卫星成像技术能产生详细的三维立体图像，可辨别多个目标、地下目标和真假目标。就这样，照相侦察卫星让地球变得透明，没有任何秘密。

2010 年 8 月，美国中央情报局盯上一名恐怖分子。此人常驾驶一辆白色汽车，后备车胎上印有白色犀牛像。一天，美国"锁眼－12"号照相侦察卫星拍摄到这辆印有白色犀牛像的汽车开入位于巴基斯坦阿伯塔巴德的一个院子。

这个院子里的主人从不出门，也不与外人来往，而且没有电话没有互联网，甚至不倒垃圾，而是自己焚烧垃圾。这太不正常了！一名高个子男人留着大胡子，每天

⬆ 卫星照片：2011 年 1 月 15 日，巴基斯坦阿伯塔巴德的本·拉登住宅。

⬆ 多颗卫星组成星座。

穿着阿拉伯袍子，在院子里散步。此人与本·拉登的特征很像，美国中情局给他起了一个代号——"步行者"。中情局特工以打预防针为名，想提取院子里小孩的 DNA，却遭到拒绝。这更引起中情局的怀疑。

他到底是不是本·拉登？从"锁眼 -12"号照相侦察卫星拍摄的照片上，能看清高个子男人的动作和身体特征，但看不清他的面貌。

▲ 美国"锁眼 -11"号照相侦察卫星具有"斜视"功能。

卫星特意拍摄了高个子男人散步时留在地面上的影子。根据影子的长短，判图专家认为此人身高在 1.95 米左右。情报人员由此推测：此人就是本·拉登。

2011 年 5 月 1 日，美国海军"海豹"突击队趁黑夜冲进这个神秘的院子。一名突击队员一面高喊"以上帝和国家的名义——"，一面开枪，本·拉登胸部和头部被击中，当场死亡。此次击毙本·拉登行动，充分显示了图像情报的威力。

1959 年 6 月 25 日，世界上第一颗照相侦察卫星——"发现者 -4"号发射成功。1960 年 8 月

▲ 欧洲"太阳神 -2"号照相侦察卫星。

18 日，"发现者-14"号第一次返回照相侦察情报。到 2013 年底，世界各国共发射照相侦察卫星和民用地球观测卫星共计 1248 颗，其中美国 293 颗，苏联（俄罗斯）874 颗，中国 48 颗。

照相侦察卫星拥有许多秘密技术，正在急速进化，越来越聪明，如伸缩的"眼睛"、放大的"瞳孔"、斗鸡眼的凝视、超视距的斜视、毛骨悚然的透视、阴森恐怖的夜视。

照相侦察卫星有三项主要指标：分辨率、全天候侦察能力和工作寿命。美国"锁眼-11"号照相侦察卫星的望远镜直径可能达 2.3 米，能拍摄 10 亿像素照片，最高 0.1 米分辨率，号称"极限摄像"。

科技将改变战术和胜负，更将改变战争观。照相侦察卫星浑身闪耀着高科技的光芒。在照相侦察卫星的"眼睛"下，自以为深藏地下的神秘要塞和秘密武器，将像玻璃缸中的金鱼一样被人一览无遗。所以说，图像也是一种力量。

↑ 传说中的"火眼金睛"。

"P-16"火箭爆炸：
地狱般的声音响起

（1960.10.24）

一次史无前例的火箭爆炸，虽然炸死了一位战功显赫的元帅，却炸开了科学的思维。真实、严谨、公正是科学的灵魂，只有尊重科学，严格遵循科学规律办事，才能取得成功。任何权力和感情，都不能代替科学。

1960 年 10 月，苏共总书记赫鲁晓夫将访问美国。为了在谈判桌上多一些讨价还价的筹码，赫鲁晓夫对从士兵到元帅的苏联国防部副

TIPS

1960 年，苏联战略火箭军司令涅杰林元帅。

部长涅杰林说："当我踏上美利坚合众国土地时，你给我放一枚火箭，比美国的要大一些、远一些，我要吓唬吓唬美国佬。"

于是，身为当时战略火箭军司令的涅杰林元帅宣布：苏联战略火箭部队将向夏威夷以南1000 千米海区发射火箭。届时，所有军舰飞机不得进入目标禁区。这是"P-16"火箭第一次发射，没有安装任何弹头。

10 月 23 日，赫鲁晓夫抵达美国，欢迎的礼炮响起。当天，在苏联拜科努尔火箭发射场，涅杰林元帅按下"P-16"火箭发射电钮。他左按右

按，火箭就是趴窝，一动也不动，发射不出去："见鬼！怎么搞的？"

火箭总设计师、发射现场总指挥杨格利检查后向涅杰林元帅报告："第一级火箭的阀门出现故障。如需修理，得放空燃料，火箭要延期五天发射。"

"不行！延期五天，赫鲁晓夫同志都回来了。只能给你一天时间，24 日夜晚发射。"

当时，苏联传统节日总要尽量与重大成就联系在一起。如果运载火箭在十月革命纪念日之前发射，向苏共献礼，无疑会成为国际舞台上的一个重大政治事件。

但作为一名科学家，杨格利还是认为安全最重要，想坚持意见。涅杰林元帅便毫不客气地说："请执行命令吧！"

10 月 24 日夜晚，杨格利向涅杰林元帅报告："一切准备就绪……"元帅的脸上露出笑容。他十分得意，因为权力毕竟指挥科学，而火箭总设计师杨格利的心却缩作一团……

⬆ "P-16"火箭总设计师杨格利。

⬆ 拍摄此照片时，涅杰林元帅就在火箭左边的卡车内。

"P-16"火箭首次发射是件大事，涅杰林元帅亲临现场督阵。他一如既往地坐在离火箭 20 米远的汽车里，自以为在发射安全线之内。心事重重的杨格利好心提醒他："元帅，在发射时请务必到地下掩蔽室去。"元帅却不以为然：
"苏联红军是不怕死的，我
要亲眼目睹火箭发射，向
远在大洋彼岸的赫鲁晓夫
同志报告……"

突然，爆炸、大火如
同天崩地裂，将发射台霎时
变成一座喷火的地狱，不
到一分钟时间就扩散到几
十米之外，吞噬一切生命。

▲火箭变成一座喷火的地狱。

空气中弥漫着致命的有毒气体，人们惊恐地四处奔逃，身上的衣服很
快在灼热的高温下冒出火花，没跑几步整个人便被火球吞没。有的人
跳入流淌着泄漏燃料的壕沟，被浓酸烧伤……

当时，涅杰林元帅正谈笑风生，想象美帝国主义及其小爬虫将
吓得发抖时，灭顶之灾降临了。"P-16"火箭大爆炸成为火箭发射史
上最惨重的失败，死亡人数估计高达150人。这是世界航天史上最严
重的灾难事故，还造成苏联推迟半年发射"东方-1"号载人飞船。

1960年10月26日，苏联媒体沉痛宣告：涅杰林元帅在履行职
责时，因飞机失事不幸遇难。苏联为元帅举行了国葬，并安葬在莫斯
科红场新圣母墓地，对这场灾难却只字不提。

关于这次火箭爆炸事故，苏联的调查结论是：粗暴违反技术安
全要求，缺乏应有的理智，忽视专家的意见，主要责任人为涅杰林元
帅。但在科学面前，杨格利没有坚持真理、坚持原则，也负有重大责任。

尤里·加加林：
第一位宇航员
（1961.4.12）

尤里·加加林代表人类第一次飞上太空，并证明：地球是蓝色的；人类能够承受第一宇宙速度，可以在失重太空环境中生活。加加林的 108 分钟环球飞行，增强和鼓舞了人类探索太空的信心和勇气，也开启了人类的航天时代，将永垂人类文明史册。

1961 年 4 月 12 日早晨，身高只有 1.57 米的尤里·加加林穿上橙黄色密封宇航服，戴上白色飞行头盔，等待发射升空。头盔上四个醒目的红色字母 "CCCP"，是苏维埃社会主义共和国联盟的俄文缩写。

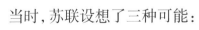

↑ 苏联拜科努尔航天发射场，世界第一位航天员尤里·加加林（1934-1968）坐在"东方 –1"号宇宙飞船中等待升空。

当时，苏联设想了三种可能：第一，成功，震撼世界；第二，返回舱可能坠落在友好国家，呼吁寻找、援助；第三，悲剧，加加林不会生还。加加林只有 50% 生还率，他如果坠落在敌对国家，将与返回舱一起同归于尽。

莫斯科时间上午 9 时 07 分，"东方 –1"号宇宙飞船在震耳欲聋

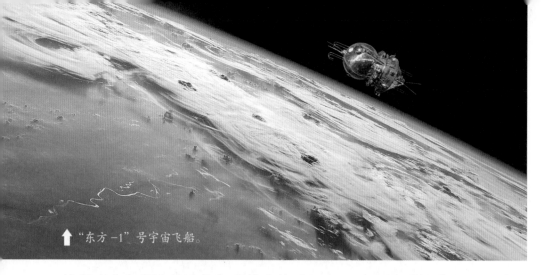
↑ "东方-1" 号宇宙飞船。

的轰鸣声和翻滚的浓烟与烈焰中拔地而起，冲向深邃的太空。火箭不断上升，地球引力不断增大。加加林被紧压在座椅上，一动也不能动，连说话、呼吸都感到困难。同时，他心跳加快，热血上涌，脉搏由平时每分钟 64 次猛增到 150 次。

10 分钟后，加加林成为人类进入外层空间第一人——他惊奇地发现自己飘起来了。

"东方-1" 号宇宙飞船自西向东沿着轨道飞行，加加林看到了人类从未见过的景象：地球是圆的、蓝色的，十分壮美；星星十分清楚，太阳比在地球上看明亮几倍。

加加林躺在飞船的弹射座椅上，描述了人类从未见过的景象：我能清楚地分辨出高山、平原、海洋、岛屿、河流和大地的轮廓。我第一次亲眼看到地球表面的形态：地平线呈现出一片异常美丽的景象，淡蓝色的晕圈环抱着地球，与黑色的天空交融在一起。太空中，群星灿烂，轮廓分明。我看见了白天与黑夜的交界线，当我离开地球黑夜一面时，地平线变成一条鲜橙色的窄带。这条窄带接着变成蓝色，忽而又变成深黑色。

上午 9 时 52 分，"东方-1" 号宇宙飞船飞临南美洲上空。拜科努尔航天指挥中心收到加加林的报告："飞行正常，我感觉很好。"他吃了饭，喝了水，写了字，还撒了尿。加加林证明：人类可以在失重环境中生活。

环绕地球一圈后，10 时 25 分，"东方 –1"号启动制动发动机降速，扑向地球的怀抱。返回舱距地面 7 千米时，加加林连同座椅一起被弹射出来。在 4 千米高度，他从座椅中又一次被弹射分离出来，乘降落伞徐徐降落到苏联大地上。

谁最先发现了加加林？一位守林员的妻子安雅和 6 岁的孙女丽塔。村民们看到天上掉下来一个东西。当看见加加林头戴白色飞行帽，身着笨重宇航服时，村民们都惊讶得目瞪口呆——莫非是外星人？

苏联英雄尤里·加加林。

10 时 55 分 34 秒，加加林重返地球，这一历史飞行从发射到着陆历时 108 分钟。事后，苏联向全世界通报：降落过程很顺利。4 月 15 日，加加林在记者招待会上说："如同飞行计划规定的一样。"

其实，苏联掩盖了此次飞行的部分真相。直到苏联解体后，一些令人心惊肉跳的内幕才得到曝光："东方 –1"号发射后 76 分钟，开始再入大气层。加加林发现飞船突然疯狂地翻滚起来，原来是一根电缆线没有及时断开。10 时 35 分，电缆线烧断后，"东方 –1"号的两个舱段终于分离。原计划只有 10 秒的分离过程，实际上用了 10 分钟。

而 108 分钟飞行，永远改变了加加林的生活。

美国阿拉巴马州《亨茨维尔时报》报道：人类进入太空。

宇宙飞船：
太空载人飞行

（1961.4.12）

在太空中旅行，欣赏宇宙奇观，探索宇宙奥秘，是人类的梦想。1961 年 4 月 12 日，世界上第一艘宇宙飞船——苏联"东方 -1"号载人飞船飞上太空，不但开阔了人类的视野，更让人类的思想飞向更远的空间，并为研发未来太空飞行器提供了蓝图和经验。

宇宙飞船，又称太空船、太空飞船、太空梭、卫星式宇宙飞船，一般分为载人宇宙飞船和无人宇宙飞船两种。

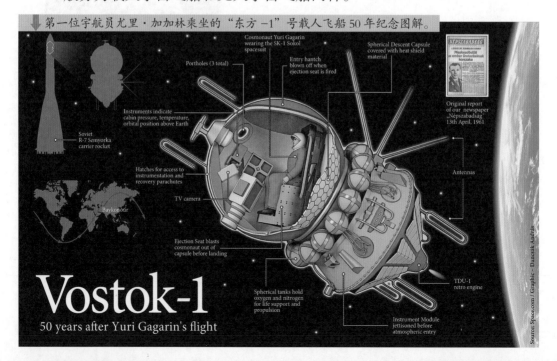

第一位宇航员尤里·加加林乘坐的"东方 -1"号载人飞船 50 年纪念图解。

➡ 1992年9月21日，中国决定实施载人航天工程，并确定了三步走的发展战略。图为中国"神舟"号载人飞船。

载人宇宙飞船由轨道舱、返回舱和服务舱三部分组成。宇航员在飞船发射、返回和着陆时都待在返回舱，这里装有生命保障系统、控制和显示仪表、通信系统、测量与导航系统、着陆火箭、主降落伞和备用降落伞。返回舱里还有舒适的座椅，按每位宇航员的体形定制。当宇航员到达国际空间站，由于将来返回时不一定乘坐同一艘飞船，他们要把为各自特制的座椅一起带上空间站。

货运宇宙飞船只运货不载人，并有自动对接系统，与载人宇宙飞船、空间站自动对接。中国的货运飞船和登月飞船即将诞生。

人类航天史上，宇宙飞船不成功着陆仅有一次，惊险着陆也有一次。1967年4月24日，苏联宇航员科马罗夫在返回地面时，降落伞未打开。返回舱呼啸着直扑地面，在地面砸下一个深坑，科马罗夫当场牺牲。1971年7月26日，美国"阿波罗-15"号发射，这是人类第五次登月。当三名宇航员乘坐返回舱返回地球时，在离地面几百米高的空中，三副降落伞竟有一副没打开。不幸中的万幸，两副降落伞带着宇航员安全降落在湛蓝的海面上。打捞人员告诉三名宇航员："恭喜你们！你们创造了航天史上最惊险的纪录。"

由于技术原因，载人宇宙飞船至今没能飞出太阳系，只在地球周围飞行，最远到达的是月球。

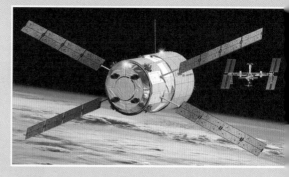

↑ 欧洲"爱因斯坦"号货运飞船。

↑ 日本"红鹳"号货运飞船。

↑ 科学家们设想了各种更快、更先进的宇宙飞船，如原子能飞船、量子飞船、光子飞船、太阳帆飞船、离子体飞船等，用速度追赶时间。

↑ 美国"阿波罗-15"号返回舱的一副降落伞未打开。

↑ 美国"猎户座"飞船。

"阿波罗"载人登月计划：
赢得了太空竞赛

039

（1961.5.25）

　　"阿波罗"载人登月计划被誉为人类历史上最伟大的科技成就。它不但让美国发展了科学技术，赢得了太空竞赛，并确定了其世界科技强国的地位，更让美国人增强和激发了自豪感、自信心和爱国热忱。"阿波罗"载人登月计划，至少让美国航天领先世界 50 年。

　　20 世纪 50 年代末 60 年代初，苏联在航天技术方面连连取得伟大成就。加加林进入太空的第二天，美国报刊上出现一幅漫画：乐滋滋的苏联领导人赫鲁晓夫拍着一艘篮球模样的宇宙飞船，从狼狈不堪的美国总统肯尼迪头上跃过。

　　航天，具有一种不可抗拒的力

▲ 肯尼迪总统发表登月宣言。

量。怎样与苏联人一决雌雄？如何在太空竞赛中获胜？美国总统肯尼迪十分焦急。美国宇航局为此提出一个太空竞赛方案，就是——登上月球。

　　登月，是人类千百年来的梦想。1961 年 5 月 25 日，肯尼迪在美

↑"阿波罗"载人登月计划徽章。

国国会发表著名的登月宣言：我相信，美国在10年内将实现人类登陆月球这一目标，并且安全返回地球。

国家威望在此一举，美国开始实施"阿波罗"载人登月这个规模宏大、雄心勃勃的航天计划。为了按时实现登月目标，美国从1961年5月至1972年12月，组织全国的科技力量，实施"阿波罗"载人登月计划，其中包括制订登月方案、拟定登月准备的四项辅助计划、研制"土星"号运载火箭、研制"阿波罗"号宇宙飞船、进行试验飞行和实现载人登月。期间，美国共发射17艘宇宙飞船，后7艘为载人登月飞船，其中6艘登月成功，共有12名宇航员登月。

"阿波罗"载人登月计划是人类航天的里程碑，其中"阿波罗-8"号试验飞船是第一艘环绕另一个天体飞行的载人飞船，"阿波罗-11"号载人飞船第一次超越低地球轨道，飞往38万千米的月球，

TIPS

"曼哈顿"计划、"阿波罗"载人登月计划和"人类基因组"计划，是20世纪人类自然科学史上最伟大的三大计划。

➡ "巡行者-3"号月
球车奔驰在月球上。

⬇ 月球岩石。

"阿波罗-17"号则创造了最长登月飞行、最长月球行走时间、最多采集月球岩石标本、最长月球轨道飞行时间等航天纪录。

"阿波罗"载人登月计划也是20世纪最雄心勃勃的科研项目。虽然科学探索不是"阿波罗"载人登月的主要目标，但"阿波罗"飞船共运回382千克月球岩石和土壤，大大了解了月球的地质和历史。

当月球纪念品——月球岩石在美国纽约展出时，震撼了全球，万人空巷。为了目睹来自另一星球的一小块岩石，人们不惜排队四小时，有人甚至不远万里前往美国参观。几年内，有6400万人亲自欣赏了来自月球的礼物。月球岩石曾作为美国的礼物送给上百个国家，中国也得到1克"阿波罗-17"号飞船采集的月球岩石。

"阿波罗"载人登月计划让美国以最短时间和最小代价赢得了太空竞赛。它不但显示了先进的科学技术和强大的国家实力，而且提高和巩固了美国航天的能力和基础，取得了运载火箭、载人航天、航天电子、电脑信息、空间探测等多方面的科技成果，甚至影响和促进了整个世界的科技水平，意义十分重大。

盖尔曼·季托夫：
最年轻的宇航员
（1961.8.6）

通过"东方"号宇宙飞船的飞行，科学家们研究了人体科学、航天医学、生物学及其技术试验，了解了人类在太空的适应能力和可行性。苏联宇航员季托夫创造了太空飞行最年轻宇航员的世界纪录，他在为人类航天事业做出巨大贡献的同时，也让自己青春飞扬。

1961年8月6日6时整，苏联宇航员盖尔曼·季托夫乘坐"东方 –2"号宇宙飞船，从拜科努尔航天发射场发射升空。7时45分，莫斯科电台激动地发布飞行公告：太空并不遥远。苏联，也是世界上第2次载人太空飞行开始了。现在，季托夫正在太空飞行。

在太空飞行会产生失重现象，整个人会飘浮起来。季托夫感觉自己就像一只气

↑ 苏联宇航员盖尔曼·季托夫。

球，分不清上下左右，而且头昏眼花，无法集中精力。这些都是苏联早就预料到和着手研究的太空疾病，现在被称为空间运动病，季托夫被认为是第一个患上太空病的宇航员。

"东方–2"号的科学任务是研究长期失重对人体的影响。它的发射和飞行几乎完全成功，唯一美中不足的是在升空之前，无意中关闭了飞船加热器，结果飞船内部温度降到10℃。季托夫吓了一跳，赶紧开启加热器，温度才慢慢回升。

在围绕轨道飞行第五圈时，季托夫透过飞船舷窗，用摄像机拍摄了10分钟太空、地球和月球，并将自己微笑的图像发送到地面，为科学家研究太空和航

↑ 季托夫少校签名的照片。

天提供了宝贵的资料。这是人类第一次从太空拍摄，从而建立了航天摄影学。

按飞行计划，季托夫应该在飞行第七圈时开始睡觉，时间是晚上19时到凌晨2时。季托夫后来说："在太空睡觉的姿势很肆无忌惮，你必须管好自己的手臂和腿，妥善安排。在太空睡觉感觉好极了……我睡得像个婴儿。"

为了飞行自主化和试验宇航员的反应能力，季托夫必须完成一项任务：人工驾驶"东方–2"号飞船。季托夫平静地扳动各种控制面板按钮，控制飞船的飞行姿态，十分平稳地飞行。尽管手动驾驶飞船很短一段时间，季托夫仍是第一个驾驶飞船的宇航员，并证明人类完全可以自主驾驶飞船。

当"东方–2"号宇宙飞船重返地球时，返回舱未能从服务舱分离。飞船剧烈动荡，季托夫感觉自己像坐过山车一样。随着下降速度越来越快，季托夫透过舷窗能看见外面熊熊燃烧的火焰。他知道如果返回舱不能从服务舱分离，将一起在大气层中烧毁，自己必死无疑。

现在，只能希望出现奇迹。

奇迹果然出现了——随着飞船的下降速度越来越快，温度越来越高，火焰烧毁了连接返回舱和服务舱的带子。季托夫突然感觉返回舱停顿了一下，然后快速下降。这时，地面指挥中心一片欢呼，大家互相握手庆贺，许多人悄悄抹去眼角的泪水。

1961年8月7日7时18分，季托夫从返回舱弹射出来，安全降落在红库特小镇北部10千米的大草原上。苏联承认：飞船没有落在原计划着陆的地方，偏离了方向。

季托夫在太空飞行了1天1小时18分钟，围绕轨道飞行17圈，工作、科研、吃饭、锻炼、睡觉基本正常。季托夫的飞行证明：人类完全可以在太空进行长时间飞行，超重和失重对人类的大脑、心脏、呼吸系统、工作能力不会产生不良影响。

飞上太空时，季托夫还差一个月才满26岁。短短一天飞行，他创造了太空飞行最年轻宇航员的世界纪录。时至今日，季托夫仍保持着最年轻宇航员的殊荣。

⬇季托夫乘坐的返回舱在下降。

哈姆和伊诺斯：
黑猩猩的太空之旅

（1961.11.29）

　　黑猩猩顽皮可爱，是智商最高的动物。在美国宇航员阿姆斯特朗发表著名的"人类的一大步"名言之前，还有一个冒险的太空一小步——黑猩猩的太空之旅，它为人类太空飞行、登陆月球铺平了道路。

　　1959年，美国霍洛曼空军基地宇航医学中心挑选了40只黑猩猩，进行军事训练、宇航员训练和太空飞行试验。经过航天医学家检测、评估，最后选定6只，其中最有名的是哈姆和伊诺斯。不同的是，哈姆很活泼，伊诺斯很忧郁。

⬆ 黑猩猩宇航员似乎在思考：太空危险吗？

　　训练黑猩猩上太空并不是闹着玩的。首先，黑猩猩要做一些简单的动作，即根据命令打开电灯和收音机。在进行大脑损伤的减压试验时，黑猩猩还要经受极其痛苦的过程，经常有触目惊心的场面。黑猩猩的训练是建立在条件反射理论上——做对，会奖励苹果、香蕉；做错，会遭电击、饥饿和训斥。

　　哈姆很机灵。看到一盏蓝灯闪烁，它会在1秒钟内准确地拉动

手柄。如果不这样做或做得不对，哈姆的脚底会受到轻微电击。这种积极的惩罚，能形成条件反射。如果做得准确，哈姆和伊诺斯能获得夸奖和香蕉。

伊诺斯训练时面对荧光屏：当各种不同信号闪现时，要拉动相应手柄。伊诺斯很聪明，学得很快、很准，一分钟内能拉对100次，这说明伊诺斯反应灵敏。经过一年半的严酷训练，最后哈姆和伊诺斯都以优异成绩毕业。

1961年1月31日，哈姆乘坐"水星–2"号飞船，进入250千米的太空，然后自由落体返回。哈姆是世界上第一个进入太空的黑猩猩，也是第一个进入亚轨道飞行的黑猩猩。

哈姆在太空一共飞行了16分39秒。在超重和失重情况下，哈姆完全按照闪现的信号拉动手柄，而且反应时间只比地球上慢一点。科学家由此得出结论：超重和失重不会使反应时间显著减慢。

美国空军和海军甚至发起"手拉手"欢迎活动，表达人类对哈姆的敬意。哈姆重返地球时冲镜头咧嘴大笑，这是为什么呢？是太空很美丽、很刺激，还是庆幸自己生还？记者们不懂装懂，总认为哈姆

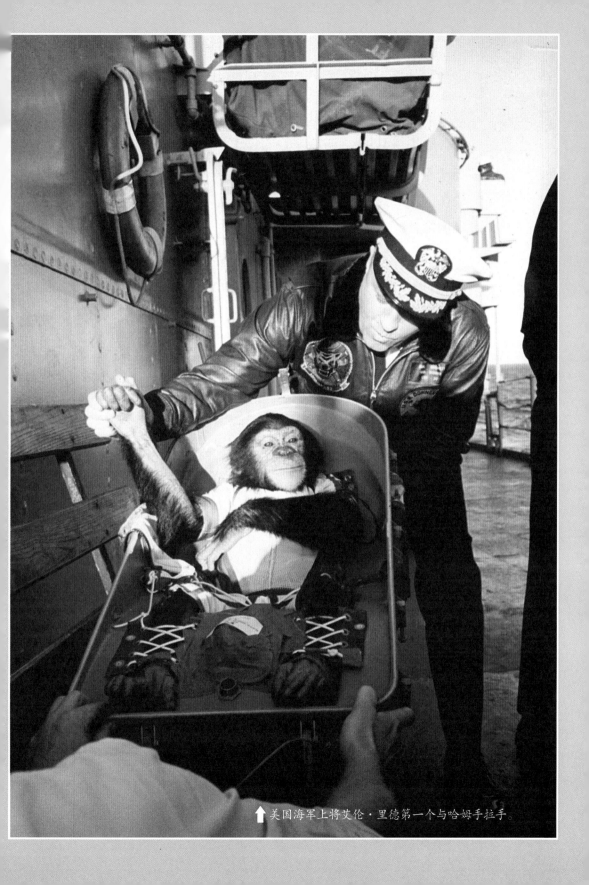

↑美国海军上将艾伦·里德第一个与哈姆手拉手。

是开心大笑。宇航心理专家研究哈姆的大笑后，却百思不得其解。

从亚轨道回来后，哈姆行为异常：它总是依偎在饲养员身旁，晚上睡觉不时踢腿蹬脚做噩梦。一见到戴大盖帽的空军官兵，特别是送它上火箭的几名官兵，哈姆立即龇牙咧嘴，做出反抗、攻击的动作。后来，英国著名黑猩猩专家珍妮·古道尔告诉大家：哈姆重返地球时不是在大笑，它的露齿方式是表达"最极端的恐惧"。

另一只黑猩猩伊诺斯则完成了超1250个小时的训练。为了练习协调合作，伊诺斯竟学会把小号吹得像放屁。

1961年11月29日，伊诺斯乘坐"水星-5"号飞船，环绕地球轨道飞行了一圈，时间为1小时28分05秒。当伊诺斯与返回舱乘坐降落伞溅落，它终于成为世界上第一个进入太空轨道飞行的灵长类动物。

↑哈姆在太空舱里。

↑哈姆拿着报纸炫耀：黑猩猩铺平了人类太空飞行之路。

在人类进入未知太空前，黑猩猩冒着生命危险代人出征，具有独特的重大科学和历史意义。它们为美国首位宇航员阿兰·谢泼德飞入太空，为美国第二位宇航员格里索姆的亚轨道飞行，为美国约翰·格伦的第一次太空轨道飞行铺平了道路。

约翰·格伦：
美国首位太空英雄

042

（1962.2.20）

"把一个人抛到空中再让他回来，与马戏团用加农炮发射一位年轻小姐的技术比没什么两样。"当苏联在太空竞赛中独领风骚、遥遥领先时，约翰·格伦的太空飞行挽救了美国一再落后的局面。此次壮举，也改变了世界。

1962年2月20日，在美国佛罗里达州卡纳维拉尔角空军基地，约翰·格伦乘坐"水星-6"号飞船发射升空了。

随着火箭的加速，离地球越来越远，格伦要承受地球引力带给他的超震、超重感觉：就好像坐在一辆拖拉机上，在乱石堆中飞驰颠簸，震动得非常厉害。火箭正以每秒7.9千米的速度挣脱地球的引力，格伦被重力紧压在座位上，脸部肌肉都变形了。

↑美国第一位进行太空轨道飞行的宇航员——约翰·格伦。

不到10分钟，格伦感觉飞船慢慢停止了震动，超重也很快消失了。"水星-6"号已经进入100多千米的太空，正向更高的空间挺进。忽然，格伦发现自己晕晕乎乎的。哦，这才是真正进入太空，人飘浮

◀ 格伦进入飞船。

▼ "水星 –6"号飞船。

起来了。于是，格伦发出了著名的报告："地球引力为零，我感觉良好！"

"景色美极了！"透过飞船舱窗，格伦第一次从太空看地球——蓝色星球比他在地面想象的更漂亮。在飞经太平洋上空时，格伦打开头盔面罩，将苹果酱挤进嘴里。为了验证长时间失重是否对人体有害，他不断地摇头晃脑，并没有发现眩晕的感觉，太好了！他告诉地面：太高兴了，我是最接近上帝的人。

格伦高兴得太早了，死亡已悄悄来临。原来，当他开始环绕地球第二圈时，飞控中心收到一个不祥的信号——减震气囊松动了。如果减震气囊松动，飞船外壳上的防热罩也可能会随之松动。如果防热罩脱落，"水星 –6"号不论以何种角度进入大气层，都会化为灰烬，格伦必将有去无回，葬身火海。

在生死关头，格伦镇定自若，表现出宇航员的特殊素质。离返回火箭点火还剩 55 秒时，地面飞控中心通知格伦：一定要保留金属吊索，才能保住防热罩。

格伦在太空 4 小时 55 分，围绕地球运行了 3 圈。"水星 –6"号犹如一颗流星，呼啸着冲向地球，越来越快。他听到一阵阵嘶嘶声，看到一团团火焰从舷窗外掠过。突然，一声巨响。

飞船周围形成热屏障——黑障，通信联络中断了。突然，无线电中响起格伦的声音："噢，棒极了！"它如同天籁之音，地面飞控中心和一直收听、收看飞行实况的人们都欢呼雀跃。格伦与死神擦肩而过，奇迹般地安全溅落：大西洋上，雪白、橘红两色降落伞张开了。

⬆ 世界上年龄最大的宇航员——约翰·格伦。

这次惊险的太空飞行，恢复了美国政府和公众支持太空计划的热情和信心。为此，格伦被公众和新闻媒体誉为"美国空间时代的第一位英雄"，成为家喻户晓、人人崇拜的偶像。

1998年10月29日，77岁的格伦作为世界上年龄最大的宇航员，不但重返太空，而且安全返回，创造了航天史上的又一个奇迹。格伦又一次发出了著名的报告："地球引力为零，我感觉良好！"

⬆ "水星-6"号飞船溅落在海上。

肯尼迪航天中心：
通向太空的大门
（1962.7.1）

043

　　梦想、激情、智慧和精神，让肯尼迪航天中心名扬天下。这里不但发射航天器，更发射人类理想。追求完美是科学的目标，也是肯尼迪航天中心的目标。它将人类文明和科技的光辉送上太空，让世界更精彩。

　　肯尼迪航天中心由航天中心和卡纳维拉尔发射场组成，因位于美国佛罗里达半岛东海岸的梅里特岛卡纳维拉尔角，因此又称卡纳维拉尔角发射中心。1962 年 7 月 1 日，肯尼迪航天中心以美国总统肯

战机飞越第 39A 号发射台。

图为"阿波罗 –11"号运载火箭和发射平台被推出肯尼迪航天中心的装配大楼。

飞行控制中心。

尼迪的名字命名，至今已超过50年。

由于濒临大西洋，地理位置优越，肯尼迪航天中心号称"人类通向太空的大门"。它南北长55千米，东西宽10千米，主要设施有航天飞机装配检测大楼、发射控制中心、40多座发射台、轨道器着陆设施、轨道器和有效载荷处理设施，以及水运码头和辅助设施，还有操作测试、控制监测、地面试验、燃料储存检测、数据处理中心和宇航员训练、医疗等设施，以及固体火箭助推器装配检测设施等。

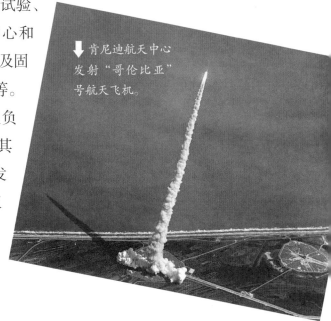

肯尼迪航天中心发射"哥伦比亚"号航天飞机。

肯尼迪航天中心主要担负载人宇宙飞船、航天飞机及其有效载荷的试验、鉴定和发射，发射过"水星"号、"双子星座"号、"阿波罗"号宇宙飞船，以及各种卫星和空间探测器，并140多次

↑ 航天飞机在烈火中奋勇升空。

发射航天飞机。

　　肯尼迪航天中心有辉煌的成功，也有惨烈的失败。1986年1月28日，美国"挑战者"号航天飞机从肯尼迪航天中心发射72秒后在1.5万米高空突然解体，7名机组人员全部遇难。航天飞机顷刻间炸成一团红白色火雾，残骸在一小时内散落到距发射中心9千米的大西洋洋面。2003年2月1日，"哥伦比亚"号航天飞机也在返航途中烟消云散，7名宇航员与航天飞机一起熔化在蓝天中。

　　在科学探索的道路上，必定有牺牲，灾难吓不住人类的探索脚步。一名宇航员就说：如果我明知道要牺牲，我还会义无反顾地前往——他们在天堂等我。

捷列什科娃：
第一位女宇航员

（1963.6.16）

　　不是大家闺秀，也不做小家碧玉。从高空跳伞到直飞太空，她创造了人类永久的奇迹。作为至今仍是世界上唯一一位在太空单独飞行 3 天的女宇航员，捷列什科娃走在太空探索最前沿，被誉为 20 世纪最伟大的女性。

　　苏联与美国的太空竞赛，一开始就充满火药味。虽然苏联一次次把美国甩在后面，但喜欢标新立异的苏联总书记赫鲁晓夫又想出一个绝招：把"穿裙子的加加林"——妇女送上太空。

　　捷列什科娃是苏联空军少尉。她的首次飞行是参加苏联第二次太空编队飞行，也是世界上第一次男女混合编队飞行。1963 年 6 月 14 日，苏联"东方 –5"号宇宙飞船从拜科努尔发射升空。两天后，捷列什科娃进入"东方 –6"号宇宙飞船密封舱，等待倒计时。

　　中午 12 点 30 分，当"东方 –5"号宇宙飞船飞越拜科努尔发射场上空时，代号为"海鸥"的"东方 –6"

↑ 世界上第一位女宇航员捷列什科娃。

号宇宙飞船载着世界上第一位女宇航员捷列什科娃轻盈地飞向太空。

"东方 –6"号渐渐飞近"东方 –5"号，然后两艘宇宙飞船以28000 千米的时速在太空中比翼双飞，最近距离只有 5 千米，每86 分钟环绕地球一圈。

当捷列什科娃从太空中看到壮观的地球时，她通过无线电兴奋地报告："真是太美了！我能看见地平线，多么灿烂的色彩啊！"捷列什科娃拍摄了森林、河流、城市，探测了大气中的气溶胶层。

⬆ 穿裙子的加加林——捷列什科娃也是苏联空军唯一一位女将军。

第二天，捷列什科娃右小腿抽筋，她忍住痛苦一直坚持到第三天。

飞行中，捷列什科娃两次操作飞船方向，都是错误的方向。飞控中心非常关注：如果捷列什科娃手动驾驶，将无法进行飞船定位，就不可能回落到正确的轨道上。飞控中心命令捷列什科娃，将返航系统调到自动飞行程序。

当宇宙飞船返航时，飞船按自动飞行程序慢慢降低高度，越来越接近地球。突然，捷列什科娃发现地球越来越小，飞船越飞越高，朝太阳的方向上升，不由得惊呼：天哪！我这是往哪儿去？捷列什科娃马上向飞控中心报告，宇航专家也发现了问题，纠正了飞行航线。

1963 年 6 月 19 日，"东方 –5"号飞行了 4 天 23 小时 06 分，安全返回地面。"东方 –6"号也要返航了。尽管恶心、身体不适，捷列什科娃飞行了 2 天 22 小时 50 分，绕地球 48 圈，航程 200 万千米。

距地面 7 千米时，捷列什科娃弹出返回舱，打开降落伞，最后降落在一片空地上。事后，捷列什科娃回忆："顷刻间，成千上万的人向我拥来。他们向我献花，赠我礼品。我的女儿和母亲不停地亲吻我。我所需要的正是人们的爱。"

当时的纪录片有这样一组画面：人们欢呼着奔向着陆点，打开返回舱看到满脸笑容的捷列什科娃。人们围着她问长问短，给她牛奶、乳酪和面包。捷列什科娃精神饱满，席地而坐，大口大口地吃着美食。这些迅速传遍全世界的照片、影片，其实都是苏联人导演、补拍的。

为了欺骗美国，苏联还宣称"东方"号宇航员都是乘坐返回舱重返地球。其实，苏联宇航员当年都是乘降落伞降落的。宇航员与返回舱也不是降落在同一地点，而纪录片里捷列什科娃却坐在返回舱旁大吃大喝……这些滑稽、令人啼笑皆非的镜头，当年迷倒了一大片老百姓。一位苏联老太太好奇地问捷列什科娃：姑娘，你在天上看见上帝了吗？她回答：没有，也许我的

↑捷列什科娃刚从太空归来的纪录片。

轨道与上帝的轨道不同。老太太感激地说：谢谢姑娘，你没有骗我！

"穿裙子的加加林"捷列什科娃后来被授予少将军衔，是苏联空军唯一一位女将军。

"上升-1"号飞船：
最惊险的飞行
（1964.10.12）

没有宇航服，没有弹射座椅，也没有逃逸塔。宇航员身着便装飞往太空，虽然不可想象，却实现了人生价值。记住：为了祖国的荣誉，为了科学和理想，太空探索常常需要冒险和牺牲精神。

1963年底，美国宣布将在1965年初发射载有两人的"双子星座"宇宙飞船。为了再次超过美国，苏联领导人赫鲁晓夫决定：1964年11月7日十月革命纪念日之前，将三名苏联宇航员送上天。

苏联宇航系统总设计师科罗廖夫感到很为难：当时苏联还没有可乘坐三人的宇宙飞船。另外，多一个人，重量增加了，运载火箭的推力也不够。他只得对设计师们说：谁有什么好想法？哪怕是狂妄的想法也尽管提，我随时洗耳恭听。

如果马上研制新飞船，根本不可能，只能在"东方"号单座飞船上打主意。为了让只能坐一人的飞船装下三人，专家们对飞船进行了改装，把可用可不用的科学仪

⬆ 身着便装，潇洒上太空。

器全拆除，甚至把宇航员逃命的弹射座椅、出现发射灾难时拯救宇航员的逃逸塔也拆掉了。尽管如此，还是挤不进三人。

飞船回收部主任弗科蒂斯托夫急中生智，提出一个馊主意：宇航员不穿宇航服，减轻重量。他还自告奋勇，要求参加此次飞行。没想到，三名宇航员脱去宇航服，还真的塞进了飞船。科罗廖夫和设计师们心里都明白：这纯粹是冒险，但别无选择。为了超过美国，保持苏联的荣誉，玩命是值得的。

这艘仓促改装的宇宙飞船，被命名为"上升-1"号，乘坐的三名宇航员只有科马洛夫是苏联空军真正的宇航员，自愿冒险的耶格洛夫是医生，提出馊主意的弗科蒂斯托夫是宇航工程师。他们将创造一项世界纪录——

↑"上升-1"号航天员（左起）弗科蒂斯托夫、科马洛夫、耶格洛夫。

↑"上升-2"号航天员列昂诺夫和贝尔亚耶夫。

三人飞船进入太空；他们还将创造一项至今无人敢破的世界纪录——身穿便装进入太空。

1964年10月12日，"上升-1"号宇宙飞船发射成功，科马洛夫、耶格洛夫和弗科蒂斯托夫三人乘坐飞船飞向深空。这次很不舒服的飞行持续了1天0小时17分钟，围绕地球16圈。由于没有宇航服，宇航员在遭受危险的空间辐射的情况下，仍进行了科学物理技术和医学生物学研究。

真是天佑英雄——"上升-1"号非常成功，至今仍是惊世的传奇，并成为航天史上必读的经典篇章。

列昂诺夫：
人类首次太空行走

046

（1965.3.18）

世界航天纪录是各国争夺的目标。苏联宇航员列昂诺夫创造了人类第一次太空行走的世界航天纪录，从此人类开始走进太空。在世界航天史上，列昂诺夫堪称最著名的宇航员，但第一比著名更重要。

为了抢在美国之前创造新的世界航天纪录——太空行走，苏联建造并改进了"上升–2"号宇宙飞船，飞船指令长为贝尔亚耶夫，飞行员为列昂诺夫。

1965 年 3 月 18 日　⬆列昂诺夫（左）和贝尔亚耶夫。
上午 10 时，"上升–2"号宇宙飞船从拜科努尔发射场升空。一切按计划进行：当飞船绕轨道飞行第一圈时，列昂诺夫开始做太空行走准备。

列昂诺夫穿上舱外宇航服，依靠呼吸纯氧换掉体内氮气。这时，原来处于压缩状态的过渡舱已经像手风琴一样完全张开了。列昂诺夫打开设在自己座位一侧的过渡舱，当贝尔亚耶夫说完"祝你好运"后，列昂诺夫便爬进过渡舱。

列昂诺夫开始在过渡舱减压，打开舱盖。地球上的观众看到过渡舱的圆形舱盖慢慢开启，舱口露出列昂诺夫的头，然后

⬆ 贝尔亚耶夫和列昂诺夫（内侧）在飞船内。

是肩膀。列昂诺夫完全钻出飞船后，坐在舱口边缘向摄像机挥手。这时，地面飞控中心一片欢呼。

当"上升–2"号飞越里海上空时，列昂诺夫轻轻推了一下舱盖，于是他像气球一样，呼地离开"上升–2"号飞船，成为世界上第一个置身茫茫太空的人。然后，贝尔亚耶夫报告了一句具有历史意义的话："人进入宇宙空间。"

列昂诺夫以每小时27000多千米的速度绕地球飞行。由于早年学过绘画，列昂诺夫此时还将一张地球画像和一朵纸花轻轻一推，送入太空。画像和纸花沿着推力的大小和方向各自飘向太空深处，让太空第一次有了艺术和美学。

太空行走选择在太阳能照射到地球的时刻进行。当时列昂诺夫能享受到阳光的温暖，但冷暖温差极大。列昂诺夫感觉自己一半身体受阳光直射酷热难耐，另外一半因背离太阳寒冷无比，他只得不停地旋转身体，以调节体温。

 一根连接飞船的 5.35 米长的安全带，像连接婴儿与母亲的脐带，使列昂诺夫多少有一点安全感。

戏剧般的太空行走结束了，列昂诺夫按计划返回飞船。他先把照相机放回过渡舱，谁知刚一松手它就飘走了，反复了几次都没放进去。最后，列昂诺夫连脚也用上了才解决问题。没等列昂诺夫喘口气，又一危险接踵而来：当他打算钻进舱口时，却发现怎么也钻不进去。原来宇航服膨胀成大气球，把列昂诺夫卡在了舱口。

每临大事有静气，这是宇航员的基本素质。列昂诺夫突然计上心来：要让"气球"缩小，给它撒气不就行了？于是，他开始给宇航服放气，一直把气压降到危险极限。这一招还真见效：随着宇航服越来越小，列昂诺夫终于挤进过渡舱。

列昂诺夫的太空行走前后不过 12 分 09 秒，但为了挤进过渡舱却花了 14 分钟。"上升 -2"号飞船实现了人类首次太空行走，也差点儿成为列昂诺夫的绝唱。

太空"喷气枪"：
美国首次太空行走

047

（1965.6.3）

　　太空行走，是人类争取在太空中自由行动。
虽然美国宇航员爱德华·怀特进行的是系带式太
空行走，却为太空自由行走、太空机动飞行器，
也为太空科研和组装空间站都做出最大的贡献。
可以说，怀特开启了新的太空行走时代。

　　1965年6月3日，在肯尼迪航天中心，一枚"大力神-2"运载
火箭直指太空。"'双子星-4'号，'双子星-4'号，这里是休斯敦。
倒计时一分钟准备！"听到呼叫，飞船指令长迪维特和飞行员爱德
华·怀特互相打着V手势。

　　下午15时16分，"大力神-2"运
载火箭载着"双子星-4"号宇宙飞船
升空，朝东南方向而去。10分钟后，"双
子星-4"号进入太空，广播里又传来
休斯敦飞控中心的呼叫："'双子星-4'
号，这里是休斯敦。太空行走开始！"

　　此次怀特有两大任务：太空行走和
试验舱外机动装置。怀特进行的是系带
式太空行走：一条23米长、能输送氧

↑ 太空童子军——爱德华·怀特。

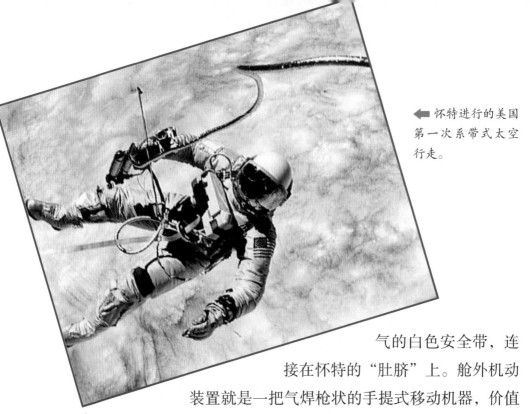

◀ 怀特进行的美国第一次系带式太空行走。

气的白色安全带，连接在怀特的"肚脐"上。舱外机动装置就是一把气焊枪状的手提式移动机器，价值100多万美元。它有3个喷嘴，1个朝前，2个朝后，2只气瓶里有几斤压缩氮气，美国人称它为"喷气枪"。"喷气枪"喷出喷气瓶里的压缩氮气，能产生反作用力前进。

在众目睽睽之下，怀特成为美国第一个进行太空行走的人：只见他右手拿着"喷气枪"扫射，左手奋力挥动，身体扭来扭去，似乎要到哪里去。这种单手持握的"喷气枪"既不中看也不中用：它完全依靠宇航员的感觉判断和控制飞行，发出的指令往往不准，喷射的力度和方向也很不好控制。

怀特把"枪"对准右边，人却朝下去了。地面飞控中心人员连忙喊：快回来！快！有时，怀特把"枪"对准下面，身体却远离飞船，朝深空飘去，吓得地面飞控中心人员冒出一身冷汗，又喊：慢点，慢点！

这是一次试验，怀特必须进行最危险的太空行走。看到怀特远远地落在飞船后面，地球上有观众捂住双眼，不愿看见怀特被黑暗吞噬。怀特不愧为百炼成钢的勇士，只见他毫不畏惧，上下挥舞"喷气枪"，一点点接近飞船，一把抓住飞船的把手。

怀特围着飞船漫步，在飞船外安装照相机。当他飘过飞船舷窗口时，迪维特抓拍了一张怀特手持"喷气枪"的照片。

首次太空行走让怀特遭遇不少问题：怀特的宇航头盔面罩上凝结了呼吸出来的湿气，看什么都模模糊糊；他的一双手套飘离"双子星"飞船，成为空间碎片飘浮在低地球轨道；怀特倒退着进入飞船后，怎么也锁不住舱口，直到迪维特上前帮忙，舱门才被锁定。

怀特的太空行走历时 36 分钟，他用男子汉气概震撼了所有人。

⬆怀特手持太空"喷气枪"。（迪维特拍摄）

太空惊魂：
美国首次太空对接
（1965.12.15）

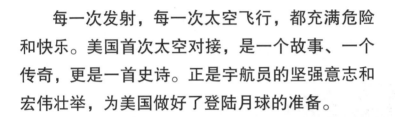

　　每一次发射，每一次太空飞行，都充满危险和快乐。美国首次太空对接，是一个故事、一个传奇，更是一首史诗。正是宇航员的坚强意志和宏伟壮举，为美国做好了登陆月球的准备。

　　1965 年，美国宇航局制订第二个载人航天计划——"双子座"计划，打算进行舱外活动、轨道机动和交会对接等太空活动。而"双子座–6A"号与"双子座–7"号飞船的太空对接，是美国宇宙飞船的第一次太空约会，同时创造了宇航员在太空生存近 14 天的最长纪录。

　　1965 年 12 月 4 日，"双子座–7"号飞船指令长博尔曼和飞行员洛弗尔首先飞上太空。5 天后，"双子座–7"号飞行在 300 千米高度的圆形轨道上。这意味着，飞船可以在轨道上至少 100 天不下降，有足够时间等待空间交会。

⬆"双子座"号飞船。

　　一天，一只集尿

"双子座 –7"号
宇航员:洛弗尔(左)
和博尔曼。

▲"双子座 –6A"号宇航员:斯塔福德(左)和希拉。

袋裂开,尿液立刻形成许多大大小小的圆球,像气球一样飘浮在飞船里。两位宇航员到处抓捕浮球,但宇航员一动,浮球就跑,宇航员不动,浮球就停在眼前,二人忙得不亦乐乎。

1965 年 12 月 12 日上午,宇航员希拉和斯塔福德坐在"双子座 –6A"号飞船里。随着零号指挥员一声令下,火箭发动机应该启动,发出巨大的轰鸣声,喷出耀眼的火焰,但火箭静悄悄的,没有向上起飞。指挥员吓出一身冷汗,急忙中止发射。

根据发射程序,一旦点火,哪怕飞起来一点点,火箭都可能倒塌和爆炸。如果发生这种情况,宇航员应从飞船里弹射出来,在几百米外降落,不然将箭毁人亡。幸好,火箭没有离地,也没有爆炸,有惊无险。晚上,工程师检查了火箭发动机,发现一只塑料盖堵住了气体发生器的出口。这是无意遗留,还是故意放进去的呢?

1965 年 12 月 15 日上午,"双子座 –6A"号飞船终于升空。在飞

163

↑"双子座－6A"号飞船指令长希拉
拍摄的"双子座－7"号飞船照片。

行第4圈时，"双子座－6A"号只落后于"双子座－7"号434千米。第5圈时，希拉看到一颗明亮的星星，开始以为是小天狼星，飞近了才发现是"双子座－7"号。斯塔福德不由得惊呼：天哪，它就在前面！

"双子座－6A"号渐渐靠近"双子座－7"号：偏了，歪了，靠近点，再靠近点……咔嚓——美国首次太空对接成功。接下来的近5个小时，两艘飞船多次分离和对接，以前后相距30～90厘米的距离飞行，保持很好的位置。由于睡眠时间临近，"双子座－6A"号慢慢飘到16千米远，防止发生意外碰撞。

太空好像是游乐场，"双子座－6A"号宇航员斯塔福德吃惊地通报：你们看见了吗？在显示器上，一艘飞船从北到南，可能在极地轨道上……1、2、3……8，一共8艘飞船，看起来飞得很快。宇航员穿着圣诞老人的红衣服……天哪，原来就是我们自己！

这是怎么一回事呢？同时，圣诞歌曲《铃儿响叮当》的旋律和一只小铃铛的声音轻快地响起。原来是著名的美国史密森学会送给宇航员们的圣诞惊喜——一段动画片。史密森学会声称：这是太空中的第一首乐曲，也是第一次在显示器上传送动画片。

"双子座－7"号飞船上的博尔曼和洛弗尔在太空中待了近14天，围绕地球206圈，各种太空试验都做得十分完美。"双子座－7"号飞船因此获得美国宇航史上最长太空飞行的纪录。

"联盟–1"号飞船：
第一次太空事故

（1967.4.24）

　　太空探索，是蘸着鲜血和死亡书写的传奇。但失败和死亡，都不能阻止人类探索太空。为了在太空竞赛中击败美国并第一个登上月球，苏联必须勇往直前。"联盟–1"号飞船惨剧永远载入航天史册和教科书，并警示未来航天。

　　1967 年 4 月 23 日，苏联第一艘"联盟"号宇宙飞船——"联盟–1"号从拜科努尔航天中心顺利发射。它的任务是与"联盟–2"号飞船对接、交换宇航员，然后返回地球。这是一项重要的世界航天纪录。

　　飞行到第 2 圈时，"联盟–1"号宇航员科马洛夫报告："飞船左侧太阳能帆板没有打开，电源供电不足……

↑ "联盟"号宇宙飞船是苏联第三代载人宇宙飞船系列，自 1967 年发射以来已发展到第四代。

飞船处于不规则飞行中。"随后，飞船故障进一步加剧。第 13 圈时，自动控制系统完全失效，手动控制系统仅部分有效，机动和方向失控，事故发生了……

为了拯救"联盟 -1"号和科马洛夫，苏联宇航专家立即修改飞船任务，并准备发射"联盟 -2"号飞船，在太空对接"联盟 -1"号。宇航员将出舱进行太空行走，固定"联盟 -1"号太阳能帆板。不幸的是，当晚拜科努尔航天发射场发生雷暴，"联盟 -2"号发射任务被迫取消，否则"联盟 -2"号飞船将展开一场震惊世界的太空大救援，创造一项航天历史纪录。

↑ 返回舱拖曳着一团火光。

当"联盟 -1"号飞到第 18 圈时，科马洛夫准备驾驶飞船重新进入地球大气层，但操作和稳定系统明显发生了困难。

科马洛夫的生死牵动了苏联最高领导人的心。当时的苏联总理柯西金告诉科马洛夫：祖国为他感到骄傲。第 19 圈时，科马洛夫利用手动控制，让飞船进入返回轨道。不料，事故再次发生——

1967 年 4 月 24 日 3 时 23 分，科马洛夫飞行了 1 天 2 小时 47 分，"联盟 -1"号飞船与返回舱分离。返回舱按返回轨道降落到离地面 10 千米高度，应该打开主降落伞时，地面飞控人员听到科马洛夫焦急地报告："主降落伞没有打开！"由于设计缺陷，主降落伞没有展开。

返回舱变成一只烈焰四射的"铁球"，以约 40 米 / 秒的速度直坠，撞击在苏联奥伦堡东南部的荒原上。返回舱发生爆炸并燃烧，当地农民纷纷尝试救援，但科马洛夫上校当即死亡。

下降时，究竟发生了什么事，永远不得而知。宇航专家这样设想：由于轨道机动或者在再入大气层过程中，返回舱出现旋转，降落伞的伞索纠缠在一起，在打开降落伞时不能展开。返回舱拖曳着变成一条"飘带"的降落伞，直接撞击地面摔成铁饼，造成航天史上第一次太空飞行死亡悲剧。

苏联宇航员科马洛夫上校。

宇宙飞船起飞和返回地球时最容易出危险：起飞时，宇航员要经历剧烈的加速度，冲破地球引力的超重，忍受惊天动地的噪声和振动；入轨后，宇航员要忍受失重；返回舱重返大气层时，要穿越黑障区。

此次事故与死亡，给航天专家敲响了警钟。之后，"联盟"号飞船安全飞行45年，共120个航班，成为世界上最安全、最可靠的载人宇宙飞船。

科马洛夫的妻子瓦伦蒂娜亲吻科马洛夫的照片。

"土星-5"号火箭：
最大运载火箭

（ 1967.11.9 ）

050

　　一个强悍的身影，一种力量的象征，更是一个人类科技的传奇。"土星-5"号火箭完成了史无前例的登月任务，让人类从地球到月球之旅闪耀着一连串光芒，并在世界航天史上书写下光辉篇章。月球，从此不再遥远。

　　登月，必须有一枚好火箭。"土星-5"号作为火箭史上最高、最重、推力最大、运载量最大的运载火箭，是人类唯一一种超越低地球轨道的运载火箭。1967 年 11 月 9 日，第一枚"土星-5"号火箭发

TIPS

　　为实施"阿波罗"计划，美国研制的巨型"土星"系列运载火箭包括"土星-1"号、"土星-1B"号和"土星-5"号。

↑ "土星 -5"号的巨大发动机。

↑ "土星 -5"号登月火箭发射升空。

射。1969 年 7 月 16 日，美国"阿波罗 -11"号飞船飞往月球。当阿姆斯特朗第一个踏上月球，美国终于在人类登月竞赛中取得了胜利，其中"土星 -5"号火箭立下了汗马功劳。

"土星 -5"号发射能力非常强大：第一级火箭装有 2075 吨液氧煤油推进剂，推力 3400 吨。也就是说，第一级火箭能够把近 70 节满载货物的火车送往太空。第二级火箭装有 450 吨高能液氧和液氢推进剂，推力 525 吨。第三级火箭装有 106 吨推进剂，推力 100 吨。

"土星 -5"号火箭黑白相间，有 36 层楼高，比美国著名的自由女神雕像还高 18 米。发射时，火箭发出惊天动地的轰鸣声，震耳欲聋，浓烟笼罩整个发射场。远在 10 千米以外，人们都可以感受到气浪的震动，看到地面的小石子在微微颤动。

从 1967 年 9 月到 1972 年 7 月，"土星 -5"号火箭共进行 13 次发射，其中 7 次发射"阿波罗"登月飞船，6 次成功，先后将 12 名宇航员送上月球。

无论怎样评价，"土星 -5"火箭号给任何人留下的印象都一样——震撼！

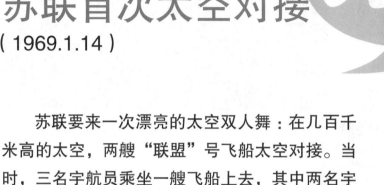

疯狂旋转的降落：
苏联首次太空对接

（1969.1.14）

　　苏联要来一次漂亮的太空双人舞：在几百千米高的太空，两艘"联盟"号飞船太空对接。当时，三名宇航员乘坐一艘飞船上去，其中两名宇航员在太空飘进另一艘飞船并回到地球，另一艘飞船独自返航……不料死神降临了！

　　1969 年 1 月 14 日，苏联宇航员沙塔罗夫乘坐"联盟 -4"号飞船飞上太空。同时，宇航员沃雷诺夫、叶利谢耶夫、赫鲁诺夫三人乘坐"联盟 -5"号飞船也飞上太空。两艘飞船相互靠近，利用自动装置实现对接，最后叶利谢耶夫、赫鲁诺夫飘进"联盟 -4"号。1 月 17 日，"联盟 -4"号飞船带着两名宇航员首先返回地面。

↑"联盟 -4"与"联盟 -5"号太空对接。

　　第二天，沃雷诺夫独自驾驶"联盟 -5"号飞船返航

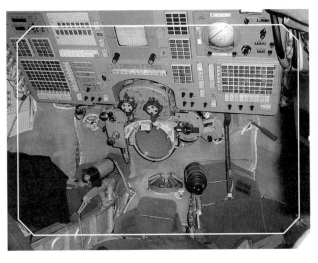

↑ "联盟 –4" 号飞船内部。

时，意想不到的事情发生了——在打开制动发动机前出现第一个问题：此时，沃雷诺夫应当看到浮动的地球，并弄清楚飞船是否运动、是否处于正确的位置；如果飞船没有处于飞向地球的位置，打开发动机不仅不会制动，而且还会加速飞离地球，那样宇航员就要永远待在太空中了。沃雷诺夫又发现，由于轨道错误，飞船比预定时间提前进入夜间。由于看不到地球，不能用肉眼确定飞船的位置和方向是否正确，沃雷诺夫只好放弃降落，再转一圈！

飞行指挥中心建议他，再转一圈时人工调整飞船方向。沃雷诺夫轻松地做到了，发动机按时启动，"联盟–5"号终于飞向地球。6分钟后，返回舱就要脱离轨道舱和服务舱时，沃雷诺夫突然听到头顶上一声巨响，只见舱口上面的横梁弯曲，舱口出现缝隙。

天哪，这是怎么回事？舱内气压迅速下降到极度危险的100毫米汞柱，更可怕的是沃雷诺夫突然又从观察窗里看到耸立的天线。见鬼！返回舱没有脱离庞大的服务舱，它们还缠在一起。如果不分离，沃雷诺夫进入大气层必死无疑。

进入大气层后，沃雷诺夫发现飞船竟然头朝下，翻过身来，这下彻底玩完了。他从观察窗里看见一道火光，顿时舱内冒出黑烟，充满焦味。飞船在旋转，沃雷诺夫一会儿看到太阳，一会儿看到地球，一会儿又看见太阳……突然，又响起爆炸声，飞船旋转得更快了，陷入火焰的包围之中。

沃雷诺夫想与地面联络，向亲人和同事们告别——这次没有完成任务，来生再当宇航员，但通信中断。在最后一刻，烈焰和爆炸终于烧

↑不幸中的万幸，降落伞终于打开了。

断返回舱与服务舱的连接，二者成功分离。沃雷诺夫发现返回舱平稳了，也转过身来，但还是烧穿了隔热层，舱口也熔化了。

返回舱以超过人体极限的重力加速度进入大气层。当离地球还有 90 千米时，沃雷诺夫听到"啪啪"的响声。快接近地面了，降落伞应该打开却没有打开。沃雷诺夫担心，之前飞船旋转时伞绳缠在一起，伞顶不会张开，返回舱将像石头一样重重地砸向地面。

这次，他太走运了：伞绳虽然拧了，但顿了一下，开始朝另一个方向转，降落伞终于打开了。结果，沃雷诺夫安全返回地面，只撞破了下巴，崩掉几颗牙齿。

此番前所未有的降落和惊心动魄的返回，都是在严重超负荷和疯狂旋转中进行的，但医生检查沃雷诺夫的身体，发现非常正常，不禁感到惊奇：人体怎能承受这一切？为什么没有出现脑溢血？

"阿波罗-10"号飞船：挑战极限速度

052

（1969.5.26）

　　比时间，比距离，比速度，都是为了科学实验。"阿波罗-10"号飞船面临挑战速度的极限：飞船到底能飞多快？宇航员是否经得住速度的考验？这些对登陆月球、登陆火星、空间飞行和研制飞船，都具有重大意义。

　　为了登陆月球，美国宇航局的"阿波罗"号飞船进行了大量飞行试验：6艘"阿波罗"号无人飞船飞上太空，试验指令舱、服务舱和登月舱；3艘"阿波罗"号载人飞船环绕地球飞行，环绕月球飞行，仿真登月舱降落试验，轨道机动飞行和会合，登月舱与指挥舱分离和对接……这些实验都比较成功。

⬆ 从左到右：登月舱飞行员塞尔南、指令长斯塔福德、指令舱飞行员约翰·杨。

　　1969年，第十艘"阿波罗"飞船命名为"阿波罗-10"号，专为"阿波罗-11"号登月探路。

　　"阿波罗-10"号的科学任务是第二次环绕月球飞行，登月舱尽量降低高度，仿真登陆月球，从太空实时发回彩色影像；还有一个重

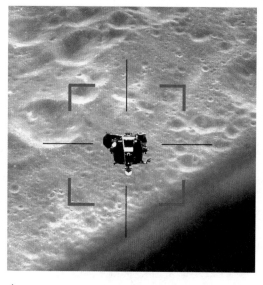

↑"阿波罗–10"号登月舱距离月球 15.6 千米。

要任务，是试验"阿波罗"号飞船的最高飞行速度。这是美国登月前的最后一次彩排。

1969 年 5 月 18 日，"阿波罗–10"号从肯尼迪航天中心发射，指令长是斯塔福德，指令舱驾驶员是约翰·杨、登月舱飞行员是塞尔南。身为多次飞上太空的老宇航员，他们要模拟仿真登月——除了登月舱不登陆月球，其他都与"阿波罗–11"号一模一样，所以任务很艰巨，也很伟大。

5 月 22 日，"阿波罗–10"号与登月舱分离。约翰·杨向斯塔福德和塞尔南打招呼：早点回来，我会想你们的！然后独自待在指令舱环绕月球飞行，等待两名宇航员归来。斯塔福德和塞尔南乘坐登月舱空降月球，下降，下降，再下降……

登月舱要去考察"静海"基地，这里就是两个月后"阿波罗–11"号要着陆的地方。在"静海"基地上空，两名宇航员看到这里确实与以前拍摄的照片上一样，比较平坦，真是一个好着陆场。登月舱试验下降，低点，低点，再低点，直到月球上空 15.6 千米高度，这是人类最接近月球的距离。

在这个高度，登月舱一次次演习登陆月球的所有动作，感觉良好。8 小时后，登月舱返回"阿波罗–10"号指令舱。

在月球上飞行，上升比在地球上容易多了，这是为什么呢？原来，月球的引力只有地球引力的六分之一，也就是重量只有地球上的六分之一。登月舱分为下降部分和上升部分。登月舱飞行员塞尔南先将被分离的下降部分抛弃，让它慢慢坠落到月球上；与指令舱会合后，再将上升部分抛弃，让它飘向月球。"阿波罗–10"号每 2 小时 15 分钟环绕月球一圈，一共环绕了 31 圈。

5 月 26 日，"阿波罗 –10"号从月球轨道返航，开始挑战速度极限："阿波罗 –10"号发动机点火，最高速度达 39897 千米 / 时，约 11.08 千米 / 秒，直追第二宇宙速度，创造了人类太空飞行速度世界纪录，此纪录至今仍然保持着。

试想，杭州到北京空中距离约 1200 千米，大型客机最快约需 2 小时，而"阿波罗 –10"号只需 108 秒。这个速度让宇航员面部变形，视力模糊，身体承受极大的压力，喘不过气来。

当年，彩色电视刚刚诞生，"阿波罗–10"号传送了 19 个彩色电视节目。这是世界航天史上第一次从太空发回彩色画面，让全世界大开眼界。有记者问：月球荒凉吗？指令长斯塔福德幽默地回答：月球真荒凉，荒凉得漂亮极了！

⬇ "阿波罗 –10"号：创造了人类太空飞行速度世界纪录。

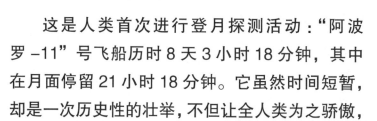

"阿波罗-11"号探月：
人类的一大步
(1969.7.20)

这是人类首次进行登月探测活动："阿波罗-11"号飞船历时8天3小时18分钟，其中在月面停留21小时18分钟。它虽然时间短暂，却是一次历史性的壮举，不但让全人类为之骄傲，而且人类文明史也因此翻开新的一页。

1969年7月16日，从午夜两点起，来自美国各地的100多万观众和来自世界各地的近4000名记者，开始云集肯尼迪航天中心。9时32分，"土星-5"号运载火箭点火升空。当火箭拖着500多米长的烈焰离开发射台时，

↑ "阿波罗-11"号宇航员：阿姆斯特朗（左）、科林斯（中）和奥尔德林（右）。

人群中爆发出雷鸣般掌声和欢呼声："飞吧！飞上天吧！"

伟大而危险的旅行开始了。从地球到月球有38万千米之遥，在如此漫长而艰难的旅途中，指令长阿姆斯特朗、科学家奥尔德林和飞行员科林斯精心操纵着飞船，同时拍摄下美洲大陆、太平洋、地球以

及月球、星空的画面，让地球上的亿万观众大饱眼福。

经过 4 昼夜飞行，7 月 20 日 "阿波罗-11" 号飞临月球预定着陆点上空。按计划，飞船和 "鹰" 号登月舱将分离，飞行员科林斯将单独驾驶飞船环绕月球轨道继续飞行，指令长阿姆斯特朗和登月舱飞行员奥尔德林则乘坐 "鹰" 号登月舱在月球着陆。

当 "鹰" 号登月舱下降到距离月面 9 千米时，计算机的警报灯突然亮了！"错误代码：1202，警报！" 地面飞控人员根据丰富的经验和学识，判断计算机是因为开启太多程序而罢工了。

登月的关键时刻来临了！在距离月球还有 1000 多米的高度，宇航员发现预定着陆点是怪石嶙峋的火山口，便改为半自动操作，越过火山口，选择一处较为平坦的地方降落。着陆点因此比预定着陆点偏离 9.5 千米，还浪费了燃料。

在燃料还剩 15 秒时，"鹰" 号登月舱轻轻一晃，惊险地落在月球上。阿姆斯特朗立即向地球报告："休斯敦，这里是静海基地。'鹰'已经着陆。"话音未落，不但

↑奥尔德林在美国国旗旁留影。

⬆奥尔德林安放月震仪。　　⬆奥尔德林在月球跑步、跳跃，　　⬆奥尔德林在月面踏下
　　　　　　　　　　　　　进行医学试验。　　　　　　　　的脚印：人类的足迹。

休斯敦飞控中心一片沸腾，地球上十多亿观众、听众甚至整个世界都掀起欢呼的浪潮。

稍作休息，两名宇航员便准备踏上月球。当"鹰"号登月舱舱门打开，阿姆斯特朗在奥尔德林的帮助下，倒着钻出舱口，并按照航天医生的要求，小心翼翼地走下舷梯，以便适应只有地球六分之一的月球重力。梯子只有9个台阶，他走下来时却用了3分钟。

阿姆斯特朗先用左脚轻轻试探布满细粉的月面，当确认不会下陷时才把右脚放到月面上。于是，月球上留下一个15厘米宽、32.5厘米长的人类第一个足迹。世界标准时1969年7月21日2时56分15秒——这是一个值得全人类永远纪念的时刻。

等到双脚站稳后，阿姆斯特朗扶着登月舱的舷梯，怀着异常激动的心情，气势恢宏地说出那句名言："这是个人的一小步，却是人类的一大步！"

大约20分钟后，奥尔德林也一级一级地从舷梯上走下来。当剩下最后两级时，他索性一步跳下来，成为第二个踏上月球的人类。

两名宇航员安装了一块薄薄的金属纪念牌，上面镌刻着地球的东西两个半球图案，下面有一行文字：1969 年 7 月，太阳系的行星——地球上的人类第一次在月球上留下足迹。我们代表全人类来这里进行一次和平之旅。

月球漫步开始了。登陆月球是国家的胜利与骄傲，两名宇航员首先安插了美国国旗。然后，他们用两个半小时进行一系列科学活动和各种科学实验：安放月震仪、电视摄像机、激光反射器和太阳风探测仪，还采集了 21.5 千克的月球岩石和土壤标本。

突然，他们接到一个历史上距离最远的长途电话。这是月球的第一个星际电话，美国总统尼克松说："我认为这是一次最有历史意义的电话……由于你们的成功，宇宙变成了人类世界的一个组成部分。"

时间过得真快。当两名宇航员恋恋不舍地爬进"鹰"号登月舱时，奥尔德林突然在地板上发现一个断掉的开关头。"天哪，这是什么？"奥尔德林的心都凉了。他猜测可能是他们穿着笨重宇航服行动时，不小心碰到开关弄断的。

太危险了！"鹰"号的启动开关被弄断了，将无法起飞。奥尔德林急中生智，拿出一支圆珠笔塞进开关洞里，轻轻一拨。他听到发动机清脆的轰鸣声，"鹰"号顺利启动，迅速升高。想不到历史竟由一支圆珠笔而改变，奥尔德林至今保存着这支拯救探月历史的圆珠笔。

1969 年 7 月 24 日 12 时 50 分 22 秒，3 名宇航员重新回到地球的怀抱。

➡ "阿波罗 -15"号登月舱飞行员驾驶月球车"鹰"行走月球。

"阿波罗-13"号事故：
神奇的太空救生艇

054

（1970.4.14）

　　没有疆界，没有地平线，也没有停靠站。"阿波罗-13"号飞船突然爆炸，只能将登月舱作为太空救生艇。三名宇航员以坚强的意志、超人的胆略和高超的技术，创造了人类最远宇航距离。他们不但撼动了月球，也撼动了地球。

　　世界标准时1970年4月11日17时13分，"阿波罗-13"号飞船从肯尼迪航天中心发射，这是美国第三次登月探险。"阿波罗-13"号宇航员

↑"阿波罗-13"号宇航员（从左到右）：洛弗尔、斯威格特和海斯。

有指令长洛弗尔、指令舱飞行员斯威格特和登月舱驾驶员海斯，其中洛弗尔已经是第四次太空飞行了，另外两位都是第一次。

　　14日3时，"阿波罗-13"号已发射56个小时，飞行了大约32万千米。位于美国休斯敦的约翰逊航天中心飞控专家命令：斯威格特，请打开氢气和氧气罐的搅拌风扇！搅拌风扇是用来混合氢气和氧气的仪器。大约93秒后，宇航员听到身后传来大爆炸，接着电力和姿态

控制推力器放电。洛弗尔最初判断：可能是流星击中了服务舱。

"阿波罗-13"号由负责太空轨道飞行的指令舱，装备各种动力、通信、测量和生命保障等系统的服务舱，登陆月球的登月舱组成。压力很大的液氧箱突然爆炸，让服务舱里的流量传感器、风扇搅拌罐、液态氧加热蒸发器、温控保护器、温度传感器、排水阀和管道严重损坏。飞船不但因此损失大量氧气和电力，而且最宝贵的救命气——空气从飞船中很快泄漏出去，同时3个燃料电池也坏掉2个；用于奔月通信的天线受到损害，造成地球通信和遥测中断了1.8秒，直到通信系统自动转换另一个天线；宇航员开始呼吸困难，温度降到11℃。

指令舱飞行员斯威格特报告："休斯敦，我们有麻烦了！"休斯敦航天飞控中心上千名科学家、工程师紧急应对，最后休斯敦宇航专家决定：停止登月，立即返航。

一艘破飞船，三名在死亡线上挣扎的宇航员，一片漆黑的宇宙空间，"阿波罗-13"号怎样才能安全返回地球呢？

在飞往月球前，宇航专家制订了几百套应急方案，其中就有服务舱失效后的方案。休斯

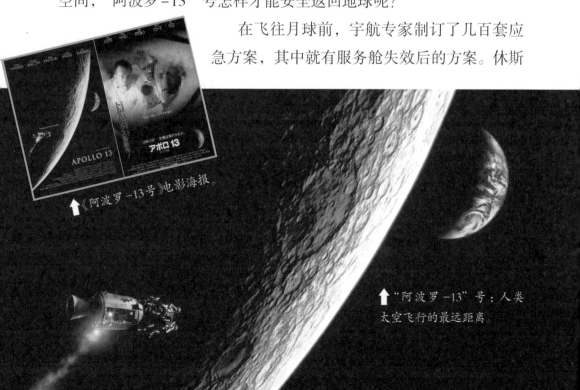

↑《阿波罗-13号》电影海报。

↑"阿波罗-13"号：人类太空飞行的最远距离。

敦宇航专家大胆决定：飞船利用登月舱的动力，绕过月球轨道，进入自由返回轨道，借助月球引力将飞船送上返回地球的轨道。

在返回地球途中，"阿波罗-13"号登月舱降落火箭再次点火，完成一次简单的轨道纠正。1970年4月15日0时21分，"阿波罗-13"号从近月点254.3千米，冲到距地球400171千米的远月点，然后弹回地月转移轨道——这是迄今人类太空飞行的最远距离。

太空中没有任何停靠站，三名宇航员把"阿波罗-13"号当作救生艇，节约每一点燃料、电力，做好每一个动作。他们必须把握仅有的4天时间重返地球，每一秒钟都十分珍贵。

1970年4月17日18时，"阿波罗-13"号飞行了5天22小时54分41秒，返回舱溅落在南太平洋。45分钟后，美国海军"硫黄岛"号航空母舰立即救起三名宇航员。

美国宇航局专门研究了"阿波罗-13"号爆炸的原因，为以后的飞船和宇航提供经验。可见，太空探索是有风险和代价的。不久的将来，人类最远宇航距离的世界纪录，将被人类登陆火星的壮举刷新。

⬆ "阿波罗-13"号溅落在南太平洋，指挥舱淹在水面下，三个降落伞已经完全打开了。

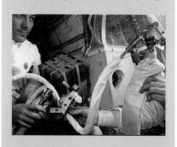

⬆ "阿波罗-13"号历经冒险返回地面，图中的一些软管就是用来在出现险情时，作为挽救生命的工具之一。

⬆ 为了永久的纪念，"阿波罗-13"号指令舱陈列在美国堪萨斯宇航博物馆内，向公众展出。

"东方红–1"号卫星：
红色声音响起来
（1970.4.24）

055

世界航天排名，是一个国家综合实力和竞争力的体现。苏联、美国和法国先后发射卫星，荣登第一、第二和第三排行榜。谁能排名第四？不论如何抱怨，历史给出了正确回答。正是"东方红–1"号卫星，让中国飞向航天强国。

20世纪70年代初，有三个国家在暗地竞争世界航天第四名：中国的"长征–1"号火箭准备发射"东方红–1"号卫星，日本的"兰达"火箭力争发射"大隅"号卫星，英国的"黑箭"火箭计划发射"普罗斯帕罗"卫星。

1969年8月27日，中国第一枚运载火箭"长征–1"号矗立在酒泉卫星发射中心的发射架上，进行飞行试验。美国和苏联获悉后，两国照相侦察卫星每天飞经中国侦察；日本更是紧张万分，生怕输掉这场比赛。

9月初，"长征–1"号火箭开始通电，

↑ 1970年4月24日"长征–1"号火箭发射"东方红–1"号卫星。

183

"东方红-1"号卫星。

进行测试时麻烦出现了——陀螺仪突然"失明"。技术员查不出原因，只好上报。中国空间技术研究院院长钱学森急忙赶赴酒泉发射基地，通过反复观察出现的故障，他终于绽开了笑容——原来，有人不小心将一个小零件碰掉了。

当时，中国准备了两枚试射火箭。如果这两枚二级火箭发射失败，卫星的发射计划只能推迟，必定落在日本后面。

11月16日，"长征-1"号火箭在酒泉卫星发射基地升空。飞行18秒时，第二级火箭控制系统发生故障坠落。世界著名媒体几乎在同一时间发布了这条新闻，日本火箭专家获悉中国火箭试验失败，更是欣喜若狂。

1970年1月30日，中国第二枚"长征-1"号火箭在酒泉发射基地呼啸而起，终于成功了。2月，国防科委正式下达发射"东方红-1"号卫星命令。如果卫星发射成功，中国将是世界上第四个拥有航天发射能力的国家。

为了让全世界都能听到赞颂毛主席的歌，第一颗人造卫星"东方红-1"号必须播送《东方红》乐曲。此事说起来容易，做起来难。播放还是不播放？播放全曲还是播放部分？钱学森面对这个难题不敢定夺，只好把它上交到国防科委。国防科委领导也很难决定，最后上报中央，周总理批准只播放《东方红》乐曲的前八小节。

这时，一个消息传来——1970 年 2 月 11 日，日本"兰达"火箭发射"大隅"号卫星成功，日本成为世界上第四个拥有独立研制卫星、航天发射能力的国家。

1970 年 4 月 1 日，载着两颗"东方红 –1"号卫星和一枚"长征 –1"号运载火箭的专列，悄然运抵酒泉卫星发射中心。24 日 21 时 34 分，1 分钟准备。21 时 35 分，指挥员下达口令：点火！

"长征 –1"号运载火箭喷射出橘红色火焰，越飞越高，越飞越远……在火箭飞行中，各观测站向飞控中心报告：一级关机，一二级分离；二级关机，二三级分离；三级关机，星箭分离，卫星入轨！

"东方红 –1"号卫星进入太空后，传来"东方红，太阳升……"的乐曲声。这是中国航天事业的第一个里程碑，中国成为第五个能自主发射火箭与卫星的国家。

钱学森后来多次感叹：中国航天专家与苏、美、法、日的专家相比，绝对不差，许多方面还要比他们强，可他们那里没有"文化大革命"的冲击。如果中国航天专家不曾受到那场劫难的摧残，中国第一颗卫星先于日本发射，是不成问题的。

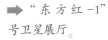
"东方红 –1"号卫星展厅。

海洋监视卫星:
上演太空反潜战
（1970.10.3）

　　身上流淌着高科技的"血液",拥有明亮的"眼睛"、敏锐的"耳朵"、灵敏的"鼻子"和神奇的"感觉",能翻找每一朵浪花,探测每一滴海水,锁定每一个可疑目标。它就是让大海清澈、透明的太空猎人——海洋监视卫星。

　　20世纪80年代,苏联战略导弹核潜艇经常在太平洋北部、大西洋北部和北极的冰原下悄无声息地潜航,与美国潜艇和海洋监视卫星玩猫捉老鼠的游戏。

　　美国海军"诺斯"海洋监视卫星由三颗卫星组成卫星星座,日夜监视着苏联战略导弹核潜艇。只要苏联核潜艇一出动,美国海洋监视卫星就定位跟

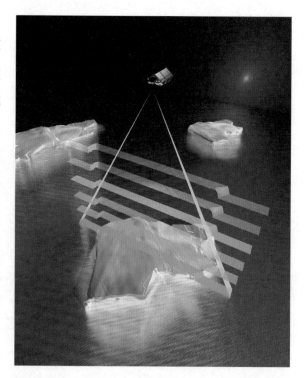

⬆海洋监视卫星扫描、探测海洋。

卫星监视海洋。

踪。1984年，苏联核潜艇突然冲破西伯利亚海冰层，进行核导弹发射演习。美国一颗海洋监视卫星恰好飞经这里，拍摄到苏联核潜艇全貌，甚至看到核潜艇水兵在晒太阳。

1986年10月3日，苏联"K-219"号核潜艇在大西洋悄悄航行。此艇长100米，宽、高各8.5米，有3枚百万吨级核导弹，每枚核导弹的爆炸威力相当于二战末投在日本广岛原子弹的50倍。

当航行到距离百慕大群岛东北部1190千米远的深海时，"K-219"号核潜艇突然发生灾难——导弹发射舱进水，导弹燃料发生化学反应爆炸，断成两截。核潜艇及其艇上98名官兵、3枚核导弹一起沉入6000米的深海。

"K-219"号核潜艇沉没是冷战时期的一个未解之谜，苏联海军称"K-219"号核潜艇非常坚固，不可能漏水。当时美国"奥古斯塔"核潜艇正紧随"K-219"号核潜艇，有一种说法是"K-219"号发射舱进水是"奥古斯塔"核潜艇猛烈撞击所致，美国海军矢口否认。但美国"诺斯"海洋监视卫星轮番跟踪"K-219"号核潜艇，为了保护海洋监视卫星的秘密，美国一直装傻，秘而不宣。

海洋监视卫星是一种用于海洋监视、海上作战的军事卫星，能够探测舰艇的噪声、波纹、温度、无线电和时间差等，定位跟踪舰艇。1970年10月3日，苏联新一代海洋监视卫星发射升空，成为美国航空母舰、核潜艇的梦魇。2011年4月15日，美国国家侦察局最新一颗"诺斯"海洋监视卫星发射升空。

海洋监视卫星能为导弹、武器系统提供超视距目标和攻击，哪怕远隔半个地球也能运筹帷幄，决胜千里。现在，舰艇想利用夜色

↑ 军舰和潜艇掀起的浪花一不小心就泄露了"天机"，海洋监视卫星素有"海洋007"之称。

和雾气秘密航行，会被海洋监视卫星笑话；庞大的航空母舰舰队已毫无秘密；各类潜艇在深海里航行，悄悄接近目标也成为过去。第二次世界大战日本偷袭珍珠港的作战方式，如今已十分幼稚。

为了躲过海洋监视卫星，一种科幻色彩的隐形舰艇应运而生。隐形舰艇把自己的形状隐藏起来，看上去就好像海上的浪花。很快，一种新的海洋监视卫星也出现了，能识破真浪花与隐形舰艇装扮的假浪花。就这样，海洋监视卫星监视着太平洋、大西洋、北冰洋、印度洋及世界海洋的每一个角落，连北极、南极也不放过。

海洋监视卫星是以无线电、雷达和红外技术侦测舰艇的，如果核潜艇消除尾部红外辐射，静默潜航，海洋监视卫星便无法发现其踪迹。另外，海洋监视卫星本身也是会飞的靶子，俄罗斯就曾用潜艇发射导弹，击落过"敌星"。

空间站：
天上的街市
（1971.4.19）

地球变得越来越拥挤。如果人类拥有了太空，文明会前进一大步，因为太空有无限的资源和空间。科学家正在开发人类生存空间，向太空要资源，要空间，要自由。空间站可以让人类梦想成真。

2011年9月29日，中国"天宫-1"号空间站从酒泉卫星发射中心升空。它飞越中国东部大地，朝太平洋方向前进，十分钟便进入太空。从此，在地球轨道上，太空真的有座人造天宫，这种美妙的感受，只有中国人知道。

⬆中国"天宫-1"号空间站。

人类第一座轨道空间站，是1971年4月19日苏联发射升空的"礼炮-1"号。此后，人类共发射了13座空间站：苏联的"礼炮-1"至"礼炮-7"号、"和平"号空间站（后属俄罗斯），美国的"天空实验室"空间站，美国、俄罗斯等16个国家合建的国际空间站，美国比奇洛航空航天公司的""创世纪-1"和"创世-2"号空间站，中国的"天宫-1"号空间站。目前，国际空间站、"创世纪-1"号、"创世-2"号和"天宫–1"号空间站在太空飞行，一天围绕地球 16 圈。

空间站实际上就是一颗巨大的人造卫星。在大气层之外的太空，那里几乎不存在空气阻力，地球的引力也极小。空间站飞行时会产生离心力，地球又有一点引力，所以能飘浮在太空。

空间站里面安装了世界上最先进的科学仪器，宇航员、科学家在空间站进行各种科学实验，观测人类活动对地球环境的影响，研究龙卷风、台风、水灾、地震、火山爆发，以及长期或短期的气候和环境变化，太阳等天体对地球的影响。宇航员还出舱到太空行走，组装和修理空间站，展示科技和勇气。

太空食品都是经过脱水、低温、能储藏的方便食品，装在塑料袋、罐状或管状的容器里，像罐头和牙膏一样吃多少挤多少。吃饭时，宇航员必须将自己固定在凳子或墙上，捧牢特殊的盘子，不让食物和盘子飘走。每名宇航员的嘴都必须像小畚斗，不让吃进去的东西溜出嘴

国际空间站的美姿。

⬆ 空间站是人类挺进宇宙的启航站或中转站。图为宇航员在空间站中追寻美味水果。

巴，不然要在空间站里追赶那些四处飘浮的食物，就太狼狈了。

空间站里的卫生间，美其名曰"化妆间"。国际空间站里有两个俄罗斯设计的卫生间，分别位于"红星"号和"宁静"号舱里。虽然太空卫生间的科技含量非常高，但使用起来很麻烦：由于空间站是失重环境，男宇航员小便时需要用手将小鸡鸡放进小管子里，不然会尿水四溅；上卫生间大便前，宇航员要把脚、下身固定好，双手握住马桶两边扶手。最重要的是，马桶的孔很小，臀部必须与马桶边缘贴紧，使马桶内部与外界完全密封，才不至于让尿粪从马桶中飘出乱飞。

未来50年内，人类将在太空建设一座座更大规模的空间站——太空城。太空城将成为人类的天上街市、梦寐以求的"天宫"。人们可以开着太空飞船、太空车，往来于太空城与地球之间，翱翔在茫茫宇宙，体会极限速度的快乐……

倒下的宇航员：
第一件月球艺术品

058

（ 1971.7.30 ）

    人类不能没有精神家园，尽管每个人心目中的家园是不相同的。科学和艺术让哲学更真实，哲学则让科学和艺术有目标。人类应该给月球送去文明，让那里开满科学、艺术和哲学之花。艺术品《倒下的宇航员》，堪称月球的真、善、美。

    在人类飞天历程中，有18名宇航员倒在征途中。"阿波罗-11"号宇宙飞船首次登月时，指令长阿姆斯特朗曾代表美国和全人类，将一块纪念牺牲宇航员的牌子安放在月球上。在月球上，还有一件唯一的艺术品——《倒下的宇航员》，它是一座8.5厘米高的宇航员铝制雕塑。

▲月球艺术品：《倒下的宇航员》。

    1971年的一次晚宴，让比利时艺术家保罗有幸结识宇航员大卫·斯科特。斯科特希望保罗制作一座小雕塑，以个人名义纪念那些为宇航事业牺牲的宇航员们。保罗不懂航天，但他懂情义，于是欣然

月球地貌。

微型雕塑作品——
针眼中的登月宇航员。

答应。

斯科特希望雕塑符合月球环境：轻巧，牢固，能承受月球上的极端温差。这座雕塑代表牺牲了的宇航员，不能有性别和种族特征，同时斯科特要求保罗不公开自己的名字，避免太空商业化。

1971 年 7 月 26 日，"阿波罗 –15"号飞船升空。8 月 1 日，宇航员斯科特和詹姆斯·欧文将铝制雕塑《倒下的宇航员》安放在月球上，旁边还有一块纪念牌，上面刻着之前为航天事业牺牲的 8 名美国宇航员和 6 名苏联宇航员的名字。

月球终于有了第一件艺术品。斯科特的善举惊动了美国宇航局，美国宇航局要求斯科特提供《倒下的宇航员》复制品和在月球上的照片。比利时艺术家保罗于是复制了一座《倒下的宇航员》雕塑，至今在位于美国华盛顿的史密森学会航空航天博物馆展出。

地球资源卫星：
打开地球隐藏的秘密
（1972.7.23）

地球上所有物体，都在有规律地反射、吸收和辐射电磁波。由于每种物体在不同光谱下的反射都不一样，具有鲜明的光谱特征，科学家只要掌握了物体的光谱特征，就能将地球看得更清晰，从而打开地球隐藏的秘密。

↑美国"快鸟"成像卫星。

在神秘的西伯利亚，总有奇迹发生。1950年，苏联在位于西伯利亚的雅库斯特共和国米纳城发现大钻石矿，将其命名为"和平"钻石矿，并因此一跃成为世界第二钻石大国。

当时正值美苏冷战期间，"和平"钻石矿曾是克里姆林宫的最高机密之一，它产出的钻石让苏联在美苏争霸中拥有了强大的资本。在苏联的西伯利亚，还有著名的"珀匹盖"陨石坑，其直径超100千米，被列为地球上第七大陨石坑。几十年来，"珀匹盖"陨石坑迷住了古生物学家和地质学家，并被联合国教科文组织指定为世界地质公园。

这些对后来的地球资源卫星来说，几乎没有什么秘密，因为科学家对它拍摄的图像和数据进行分析，就可以分辨出各种物质。

直到 1972 年 7 月 23 日，美国宇航局才在美军范登堡空军基地发射了第一颗地球资源卫星"陆地 –1"号。目前，全世界地球资源卫星已发射 200 颗。美国"地球之眼 –1"号卫星最高分辨率已达 0.41 米，不久即将发射的"地球之眼 –2"号卫星可达 0.34 米。

1984 年 3 月，美国"陆地 –5"号地球资源卫星升空。它不但看见了"和平"钻石矿，而且惊奇地发现：在"和平"钻石矿不远处，又有一个更大的钻石矿。这就是"珀匹盖"陨石坑，但它是美国的秘密，美国绝不会告诉苏联。

直到 1997 年，苏联"资源"号地球资源卫星飞经"珀匹盖"陨石坑，也发现这里的反射信号像钻石。苏联立即派遣地质科考队破解

地球资源卫星扫描地球，拍摄光学、红外、雷达、立体照片。

了秘密：大约在3570万年前，一颗直径8千米的小行星撞击在这里。陨石高速撞击地球时会产生石墨矿床，地质学家说由于冲击压力影响，小行星的石墨变成了钻石。为了保持世界钻石的高价格，苏联以及后来的俄罗斯都保守"珀匹盖"秘密，绝不外泄。

直到2012年9月，俄罗斯才正式宣布："珀匹盖"陨石坑存在大量钻石，蕴藏量达几十万吨，是全球已发现钻石蕴藏量的10倍，足够供应全球3000年。"珀匹盖"陨石坑因此成为比"和平"矿更大的钻石矿，俄罗斯一跃成为世界上最大的钻石国家。

就这样，地球资源卫星能发现人们肉眼看不到的地下宝藏、历史古迹、地层结构；能普查农作物、山川、森林、海洋、空气等资源；能预报和鉴别农作物的收成，考察和预报各种严重的自然灾害。

最近，美国宇航局公布了"陆地"号地球资源卫星拍摄的照片。地球上空气污染、砍伐森林、沙漠化、盐碱化的影像，让人不寒而栗，从中公众选出5张"大地艺术"获奖作品。

TIPS

TOP1 凡·高的星空，2005年7月拍摄。在波罗的海至瑞典的哥特兰岛附近，大量绿色浮游植物汇集，随海流形成旋涡和涟漪，像鲜花盛开，更像著名印象派画家凡·高的油画《星空》——奔放、迷幻、超自然。

TOP2 育空三角洲，2002年9月拍摄。它是美国国家野生动物保护区的一部分，就像人的肺，漂亮的河流、蜿蜒的小溪则像血管，洋溢着生命和健康的气息。

TOP3 密西西比曲流，2003年5月拍摄。这条美国南部最大的河流，流域呈现斑斓的黄色、灰色和浅褐色，那是风景如画的小城镇、富饶的田野和牧场。

TOP4 阿尔及利亚抽象画，1985年4月拍摄。每一条黄色条纹由无数沙尘暴组成，经阿尔及利亚延伸到毛里塔尼亚，非常恐怖。

TOP5 艾尔湖，2006年8月拍摄。艾尔湖位于澳大利亚北部的沙漠地区，白雪一样的盐碱几乎布满整个湖区。

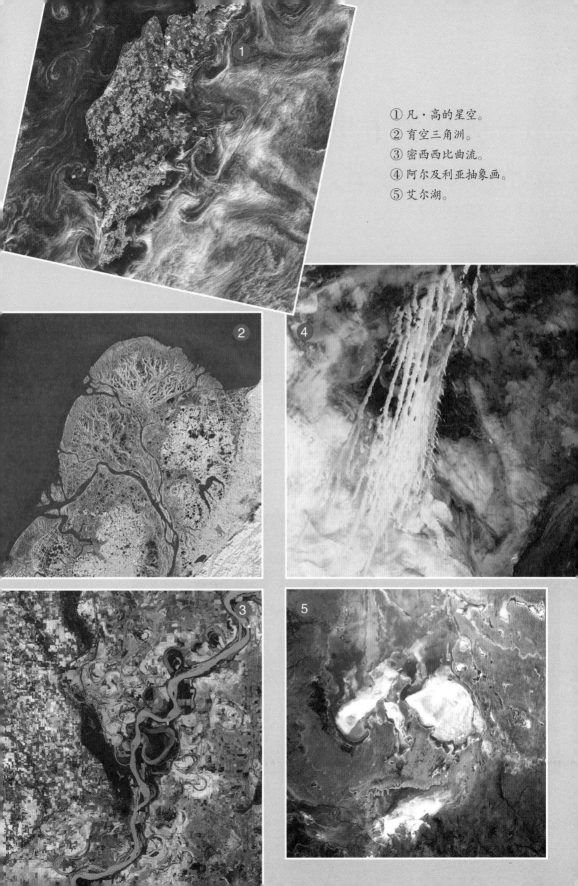

① 凡·高的星空。
② 育空三角洲。
③ 密西西比曲流。
④ 阿尔及利亚抽象画。
⑤ 艾尔湖。

导弹预警卫星：
挤入太空的"脓包"

（1972.9.19）

　　导弹预警卫星能看清地面、天空和太空的一举一动，会紧盯导弹飞行的火焰，执行全球导弹发射预警使命。虽然它浑身安装了各种高科技仪器，却毫无科学价值，被讥讽为挤入太空的"脓包"。

　　2009年4月5日上午，朝鲜"银河-2"号运载火箭直刺蓝天，准备发射"光明星-2"号卫星。

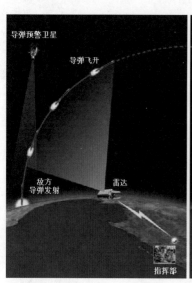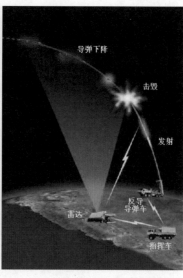

⬆导弹预警卫星示意图。

　　但此次卫星发射看起来更像一场战争：美国火箭专家认定，"银河-2"号运载火箭就是"大浦洞-2"号洲际导弹；朝鲜则宣称，如果导弹遭拦截，将反击。东北亚一时进入战争状态。

导弹预警卫星监控地球。

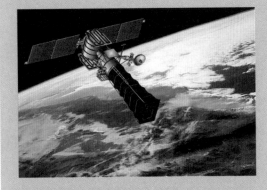

俄罗斯"预报"导弹预警卫星。

美国"国防"导弹预警卫星。

　　突然，伴着烈焰呼啸，一枚体形修长的火箭升腾，朝东南方向飞去。美国导弹预警卫星立即发现：11时20分15秒，"大浦洞"导弹点火。它飞越日本海和日本本土，最高高度70～80千米。11时37分，导弹第一级落入日本西侧海域。11时43分，第二级与第三级没有分离，残骸落入日本以东约1270千米的太平洋海域，发射失败。

　　导弹预警卫星是如何知道这一切的呢？原来，导弹预警卫星是专门监视、跟踪和预测敌方弹道导弹的军事侦察卫星，上面安装了红外望远镜、红外传感器、可见光电视摄像机、核爆炸探测器等，它们是发现导弹的"眼睛"。

　　导弹预警卫星能在导弹发射几秒钟内，便将导弹发射时间、地点、袭击目标和到达目标的预计时间传送给战区司令部，然后导弹拦截部队发射导弹将敌方导弹打下来。早在1972年9月19日，美国第一颗"国防"导弹预警卫星就已经升空。

　　如今为了安全，导弹预警卫星能根据温度和喷射速度，分辨出导弹、自然火光和飞机尾部的热辐射，从而分清是不是导弹。

美苏太空握手：
最惊险的对接
（1975.7.15）

　　美苏飞船第一次联合太空飞行，显示美苏关系在二战后第一次开始变暖，对世界具有划时代意义。此次太空握手，象征着两个超级大国太空竞赛表面上结束，也为后来的太空合作和国际空间站建设铺平了道路。

⬆ 左起：（前）美国宇航员斯莱顿、斯塔福德、布兰德，（后）苏联宇航员列昂诺夫、库巴索夫。

　　自从"阿波罗-13"号飞船在月球附近突然爆炸，无功而返后，美国宇航专家便设想：如果有救生飞船就好了。为此还设计了一种过渡舱，它有一个万能接口，能与各种飞船对接，包括苏联飞船。

　　想不到苏联也积极响应，愿意进行过渡舱的太空试验和太空救生行动。为了此次全球瞩目的对接，美国派出一艘加装了过渡舱的"阿波罗－对接"号飞船，宇航员是斯塔福德、布兰德和斯莱顿；苏联

派出"联盟－19"号飞船，宇航员是列昂诺夫和库巴索夫。

　　1975年7月15日，在"联盟－19"号飞船发射前一小时，宇航专家突然发现彩色遥测系统不工作了。这时既没时间排除故障，也不能取消或推迟发射，因为美国飞船马上就要升空。为了维护国家形象和信誉，只得先发射后修理，让宇航员带着零件在天上操作吧！于是"联盟－19"号飞船按时发射了。

　　在太空中，列昂诺夫凭借经验，折腾了两三个小时才更换好零件。接上电线，终于出现彩色图像。在苏联宇航员抢修时，美国宇航员更忙得够呛：过渡舱上有只插销拨开才能通往"联盟"号，但这只插销怎么也拨不开。它的一个螺丝帽要用一把长钥匙拧开，可长钥匙够不着这个螺丝帽。幸好，组装舱门时录像了，地面航天专家重看录像，发现一个接头接错了。最后美国人忙乎一夜，终于将插销弄好了。

　　在飞行试验谈判时，美苏一直在讨论谁先打开舱门，谁先到谁那里做客，这关系到国家尊严。最后两国达成协议：美国飞船指令长斯塔福德先打开舱门，然后在对接口握住苏联宇航员列昂诺夫的手。

　　1975年7月17日，美苏飞船对接成功。"阿波罗－对接"号飞

船指令长斯塔福德先敲敲舱门，问："有人吗？""联盟–19"号指令长列昂诺夫明知故问："谁啊？"美国人答道："自己人。"于是舱门打开了。列昂诺夫一把握住

↑列昂诺夫（左）和斯塔福德太空握手。

伸过来的手，但忘了约定，把美国人一下子拉进自己的飞船。

此时，飞船恰好飞越法国东北部梅斯上空。两国宇航员热烈拥抱，互赠国旗、礼品、树种并共进晚餐。全世界几亿观众通过电视转播，目睹了这一重要历史场面。

飞船对接两天时间，美苏宇航员一起做了 26 项科学实验。然后飞船分开，进行第二次试验性对接，这次主动对接的是"联盟"号。

几小时后，苏联"联盟"号开始着陆。由于大风将返回舱的巨大降落伞吹到一边，软着陆发动机无法完全减缓冲击力，返回舱轰隆一声砸到地面上，宇航员受到强烈撞击，差点儿晕过去。

"阿波罗–对接"号又飞行了两昼夜，着陆更惊险。当斯塔福德命令"关闭发动机"时，由于噪音太大，布兰德没听到，竟打开了"窗户"，结果发动机排出的有毒废气立即灌进返回舱。看到两名宇航员昏迷过去，斯塔福德立即给他们戴上氧气罩，然后自己也戴上。

返回舱倾斜着一头扎进夏威夷的太平洋里，然后弹浮起来，又突然底朝天地翻过去。本来因中毒已经虚弱不堪的宇航员，便头朝下悬在舱内。尽管危险，但他们终于完成了太空握手任务。

"旅行者"号探测器：
冲出太阳系
（1977.8.20）

让信鸽捎一封飞信，在大海里放一只漂流瓶，都不稀奇。请给外星人写封信，给宇宙发个电子邮件吧！美国宇航局制订了一个更大胆的计划——让空间探测器带去人类的愿望和梦想，把地球介绍给银河系文明大家庭。

1972 年，美国发射了"先驱者–10"号、"先驱者–11"号探测器。它们是地球人类第一种恒星际探测器，其科学任务是第一个到达木星、木星卫星，再飞出太阳系。"先驱者"号两兄弟各带着一张内容相同的"地球名片"，向外星人介绍地球和人类。

在"先驱者"号飞向遥远的银河系后，美国又制订了"旅行者"号计划。1977 年 8 月 20 日和 9 月 5 日，"旅行者–1"号和"旅行者–2"号探测器发射，其科学任务主要是研究太阳系的边界。此次飞行的另

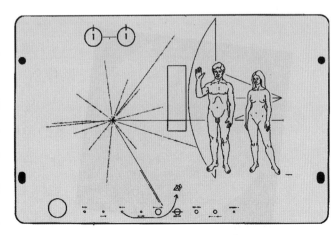

⬆ 地球名片。

一个奇思妙想：就是冲出太阳系，给外星人送去地球的声音。

为此，"旅行者"号侧面固定着一只铝盒，里面装有一个瓷唱头、一枚钻石唱针和一张镀金铜质唱片。铝盒外包装上刻着用科学语言表达的唱片用法和地球信息。这张唱片是地球人带给外星人的珍贵礼物，又称为"地球之音"。

"地球之音"收录了能代表地球自然条件与人类生活情况的信息，录制在直径30.5厘米的镀金铜唱片上，时长为两小时。"地球之音"的前言，是当时美国总统卡特签署的一封信——

↑唱片。

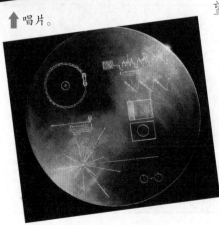

↑"地球之音"封盒。

这是来自遥远的小小星球的礼物，它是我们声音、科学、形象、音乐、思想和感情的缩影。我们正在努力使我们的时代留存下来，使你们能了解我们生活的情况。我们期望有朝一日，加入到银河系文明大家庭。为了辽阔而令人敬畏的宇宙，"地球之音"是我们对遥远世界的良好祝愿，寄予了我们的希望和决心。

"地球之音"的开始部分是用图像信号编码形式录制的116幅图片，说明了太阳系概况及其在银河系的位置、地球及其大气层化学成分、DNA和人体结构等，展示了地球上的海洋、河流、沙漠、山脉、花虫鸟兽以及各国风土人情、科学和文明的成就等。

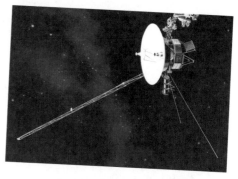

"旅行者"号探测器。

图片之后是近 56 种语言的问候语，其中有中国的普通话。它还录有 35 种自然界的声音，包括雷吼风啸、鸟鸣兽叫、鲸鱼的声音、婴儿的哭声、岸边的海浪，并选录了 27 首代表人类不同时代、不同地区、不同民族的音乐作品，其中有贝多芬、莫扎特、斯特拉文斯基等脍炙人口的作品。

"地球之音"将在何时，被哪颗星球上的智慧生物捡拾到，不得而知。从现在飞行的方向看，公元 4 万年时，"旅行者 –1"号将从一颗很暗的星附近飞过，而"旅行者 –2"号将在公元 35.8 万年时飞越天狼星。

"旅行者"号两兄弟将探测各大行星。

2012 年 8 月 25 日，人类第一位星际使者——"旅行者 –1"号飞出太阳系，进入广阔、寒冷、黑暗的星际空间。这是发射第一颗人造卫星，人类首次踏上月球之后，人类太空探索的第三座里程碑。

目前，还有三颗探测器正在飞出太阳系："先驱者 –10"号、"先驱者 –11"号探测器和"旅行者 –2"号探测器。天文学家宣称：两颗"旅行者"号探测器朝着相反的方向飞行，已经在深空飞行了 36 年，表现良好，它们将与地球保持通信到 2036 年。无论它们飞到哪里，无论它们是否存活，地球人都希望两兄弟：一路顺风！

"进步"号货运飞船：
快乐大篷车
（1978.1.20）

太空探索需要勇气、志气和力量，其中苏俄"进步"号货运飞船是发射最早、发射最多、成功率最高的榜样。它为各国研究、发展宇宙飞船提供了范本和经验，值得俄罗斯人民乃至全人类为之骄傲。

2011 年 8 月 24 日，位于哈萨克斯坦境内的拜科努尔航天中心喜气洋洋：俄罗斯"进步 M-12M"号即将发射升空。它的太空任务是为国际空间站运送 2.67 吨货物，包括氧气、食物、燃料、信件、包裹和配件等补给品，并对国际空间站进行三次轨道提升。

倒计时开始。俄罗斯"联盟 -U"运载火箭腾空而起，越飞越高，将飞船送达高空。突然，火箭和飞船骤然下降，发出一道闪光。飞控人员

↑ "进步"号货运飞船。

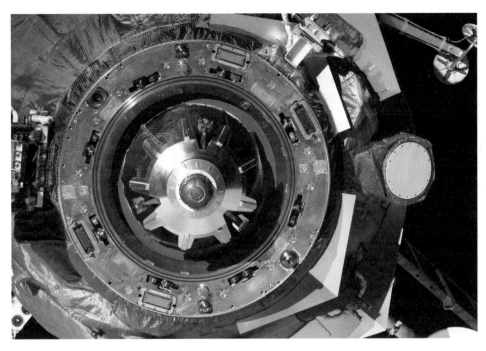

⬆ "进步"号货运飞船对接口。

大惊失色：完了，爆炸了！当时大部分残片在大气层完全烧毁，少数残片落地时发生剧烈爆炸，方圆 100 多千米都有震感。这是"进步"号货运飞船 30 多年来遭遇的第一次失败，真是一世英名毁于一旦！

　　"进步"号系列货运飞船是由"联盟"号飞船改进的，只运货不载人。1978 年 1 月 20 日，第一艘"进步 –1"号货运飞船搭乘"联盟"号火箭发射。1989 年 8 月，苏联推出新型"进步 –M"号货运飞船。第一艘"进步 –M"号货运飞船就是到"和平"号空间站，后来为国际空间站运送补给。"进步 –M"号货运飞船拥有 30 天的自主飞行。它的燃料箱长 1.5 米，直径 60 厘米，可以携带多达 150 千克的燃料，并拥有与"联盟"号飞船相同的交会系统，可以与载人飞船对接。

　　在太空中，空间站遭受地球引力，平均每天要下降近 66 米左右。2005 年 1 月，国际空间站需要提升高度。以前国际空间站每次轨道

↑"进步"号货运飞船前往国际空间站。

↑"进步"号货运飞船与空间站对接。

调整，一般只需提高 4～4.5 千米，但这次要提高 8 千米。

　　只见"进步 M–51"号货运飞船的火箭发动机和定位发动机点火，19 分钟内便将国际空间站的轨道高度提高 8.5 千米，完成了预定的提升任务。此举好比小个子举起大个子，等于一只小狗举起一头大象。

　　常胜将军是对"进步"号货运飞船的夸奖：到 2011 年 7 月底，"进步"号系列货运飞船已经安全飞行 30 多年，共进行 135 次发射飞行。它从无事故，可靠性达 100%，世界第一，是世界上最安全、可靠的货运飞船。2011 年 8 月 24 日的这次火箭和飞船爆炸，让"进步"号货运飞船蒙羞，但无可挽回。

航天飞机：
航天史上的新篇章
（1981.4.12）

一个人类飞天的梦想，一个世界航天的辉煌，一个令人惊叹的传奇，尽在航天飞机。它流淌着科技、勇敢和理想的血液，嗅着太空的味道，梦想自由飞行，是人类航天史上一座伟大的里程碑。

1981 年 4 月 12 日一大早，在美国肯尼迪航天中心卡纳维拉尔角，第一架航天飞机"哥伦比亚"号巍然屹立，直指苍穹，即将升空。

当"哥伦比亚"号航天飞机徐徐离开发射塔，飞向太空时，英国女王伊丽莎白二世情不自禁地站起来感叹：哦，上帝，它真的飞了！

由于宇宙飞船最多只能乘坐三名宇航员，飞行时间短，起飞和降落都要冒极大风险，美国宇航局便提出建造一种能乘坐多人、多次发射、可重复使用、发射成本又较低的航天器——航天飞机。

↓"哥伦比亚"号航天飞机雄姿。

◀航天飞机运行在低地球轨道，运载两座空间站到太空轨道。

1972 年 1 月，美国正式研制航天飞机，共集中了 200 多所大学、研究所和几千座工厂的十几万专家、工程师和科技工作者，花费了 100 多亿美元。在度过激情的登月年代后，20 世纪 80 年代美国开始进入航天飞机时代。

航天飞机长约 37 米，高 17 米，翼展约 24 米，每次飞行最多可载 10 名宇航员，飞行时间最多 30 天，可重复使用 100 次。但航天飞机的发射费用很高，每次约 15 亿美元。

这种集火箭、飞船和飞机技术于一体的航天飞机有四种本领：能像火箭一样起飞；能像宇宙飞船一样进入轨道，围绕地球飞行；能像普通飞机一样在大气层滑翔并着陆；能多次重复使用。

在太空计划中，航天飞机主要有两大科学任务：太空科学实验和为空间站运送宇航员和货物。科学家可在航天飞机上开展地面上无法进行的科研活动，完成军事任务和新技术研究。它还可运载和发射卫星、探测器、太空望远镜等。当然，无论任何人，只要肯花一定的费用，也可到太空旅行或做实验。奇妙的太空之旅，激发了人类对未知宇宙的探索欲望。

美国宇航局共飞行了 5 架航天飞机，即"哥伦比亚""挑战者""发现""亚特兰蒂斯"和"奋进"号。到 2011 年 7 月，航天飞机共飞行了 135 次、1330 天 18 小时 9 分 44 秒，围绕地球飞行了 21158 圈，将 815 人次送入太空，在太空施放了 66 颗卫星和太空望远镜。科学家在太空、在航天飞机中进行了几万项科学实验，取得了丰硕的成果。可以说航天飞机登上太空舞台，开创了人类航天的新时代。

但风险与成功同在。1986 年 1 月 28 日，"挑战者"号航天飞机在升空 73 秒后爆炸，7 名宇航员全部罹难。祸不单行，2003 年 2 月 1 日，"哥伦比亚"号航天飞机在重返大气层的 70 千米高空时解体，7 名宇航员也全部罹难。

由于技术复杂、维护和发射费用昂贵和两次重大事故给航天飞机蒙上阴影，最终影响到航天飞机的命运。美国宇航局决定，航天飞机完成国际空间站的运输、建设使命后，将全体退役，告别太空。

"亚特兰蒂斯"号飞行员驾驶航天飞机。

"奋进"号航天飞机与任务徽章。

萨丽·莱德：
美国首位女宇航员

（1983.6.18）

　　谁在编织一个粉红色的航天梦？萨丽·莱德。她搭乘"挑战者"号航天飞机飞天，成为美国第一位进入太空的女宇航员。此后到2013年底，全球共有56位女性奔赴太空。莎丽·莱德的另一贡献，是将高学历和高科技送上太空。

↑女宇航员萨丽·莱德。

　　萨丽·莱德，1951年5月26日出生在美国加州，10岁时已是一名出色的网球选手。1968年萨丽辍学，投身职业网球生涯。三个月后，她发现自己不可能成为成功的职业球员，便毅然放弃网球梦，后被著名的斯坦福大学录取，获得物理学硕士和博士学位。

　　1978年1月16日，美国宇航局在斯坦福大学招募知识型航天飞机宇航员。从 8079 名申请者中，美国宇航局选定 35 名，包括 6 名女性，其中之一就是萨丽·莱德。为了走上这条危险的太空之路，萨丽进行了广泛的培训，包括跳伞、水训练、重力、失重、无线电通信和导航等训练。

萨丽博士发明了许多太空工作的机械，特别是设计了航天飞机远程机械手臂，机

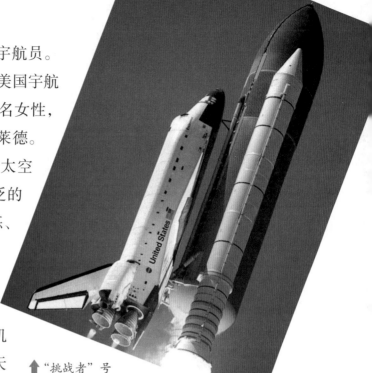

↑"挑战者"号
航天飞机发射。

组人员可以用它来部署和抓获卫星。在第一次太空飞行之前，有记者问她：当工作出错时，你会哭吗？萨丽回答：太空飞行不允许出错。

1983 年 6 月 18 日，"挑战者"号航天飞机呼啸着从肯尼迪航天中心升空。机上一共有 7 个座位：机长坐在驾驶舱左边 1 号座位上，飞行员坐右边的 2 号座位上；3 号座位在机长的后面，4 号座位在飞行员的后面，另外 3 个座位在驾驶舱下面。萨丽·莱德以物理学家的身份，坐在 3 号座位。

突破大气层时，航天飞机几乎竖起来，震动得似乎要散架；强大的地球引力将每个人压在座位上，喘不过气来，几乎要窒息；全身的血液都往脚下流，头脑一片空白，脸上没有一丝血色，彻底灰白。震啊，震啊……如果是没有经过严格训练的人，肯定不是被震晕就是呕吐，胆小的甚至会被吓昏过去。

🔼"挑战者"号航天飞机进入太空。

过了几分钟，震动慢慢减轻，身体也感觉不那么沉重，呼吸也顺畅了。突然，萨丽感觉到从未有过的轻松，好像不是进入微重量的真空空间，而像进入从未有过的梦境。"挑战者"号经过 10 分钟的旅程进入高 296 ～ 315 千米的轨道上，32 岁的萨丽于是成为美国第一、世界第三位进入太空的女宇航员。她至今仍保持着美国进入太空最年轻宇航员的桂冠。

望着庞大、美丽的地球，萨丽在太空发出第一个英语女声："亲爱的女士们、先生们，天上也有仙女了，今后的太空不会孤单。"1984 年，莎丽再次乘坐"挑战者"号航天飞机访问国际空间站。

萨丽博士曾获得无数奖项，还为孩子们写了 6 本科普书，有《太空与返回》《太空旅行者》《太阳系边缘的冒险》《第三星球》等，鼓励太空探索精神。她特别鼓励女孩子，并经常拿自己小时候羞涩、笨拙的照片，让女孩子们编织另一个粉红色的航天梦。

乌尔夫·摩波德：
逼上太空的幸运儿
（1983.11.28）

　　一道墙能分割祖国，但不能分离亲情；一道墙能阻隔自由，但不能隔断向往；一道墙能一夜建起来，也会在更短的时间里坍塌……有一个人，拼死翻越柏林墙，最终成为一位太空和平大使。

　　一条军事分界线，将德国分为民主德国、联邦德国，也将首都柏林一分为二。这条苏联和民主德国建筑的钢筋混凝土围墙，民主德国正式称之为"反法西斯防卫墙"，联邦德国政府称之为"国殇之墙"。民主德国百姓创造了无数翻越柏林墙的逃跑计划，1960年乌尔夫·摩波德高中毕业后，也成为柏林墙前成千上万的叛逃者之一。

　　逃亡联邦德国后，摩波德就读于斯图加特大学，1976年获得博士学位。1978年，摩波德被欧洲空间局选中。他以第一个参加美国航天飞机飞行的外国人身份，执行"太空实验室-1"首次飞行。1983年11月28日，摩波德乘坐"哥伦比亚"号航天飞机，与5名美国宇航员从肯尼迪航天中心升空。

TIPS

　　摩波德（1941-　），第一位联邦德国宇航员，也是第一位欧洲空间局宇航员。

　　1986 年，摩波德升任位于德国科隆的欧洲空间局宇航员中心办公室主任。1992 年 1 月 22 日，摩波德乘坐"发现"号航天飞机再次升空。他在太空飞行 8 天 1 小时 14 分，围绕地球 129 圈。

太空和平大使徽章。

　　1994 年 10 月 3 日，摩波德身佩黑、红、黄三色德国国旗臂章，具有政治意义地搭乘俄罗斯"联盟 TM-20"号飞船，与"和平"号空间站对接，又乘坐"联盟 TM-19"号飞船返回地球。摩波德受到俄罗斯宇航员的热烈拥抱，完成东西方的和平之旅使命。他是第一个飞入俄罗斯空间站的欧洲和西方宇航员，历时 31 天 12 小时 35 分，绕地飞行 499 圈。

"哥伦比亚"号航天飞机任务徽章。

　　摩波德做梦也想不到，当年冒着枪林弹雨翻越柏林墙的自己，有朝一日会踏上昔日敌人的地盘，而且是空间站。摩波德庆幸自己当年的勇敢与运气，他说：我不是什么英雄，我只是一个因为逃亡而逼上太空的幸运儿。没有柏林墙，未必有我的今天。

迷航 "暴风雪"

　　1976 年，为对抗来自美国的"宇宙威胁"，苏联开始投入"暴风雪"航天计划。该计划的巨额花费成了压垮苏联的最后一根稻草。

麦坎德利斯：
首次自由太空行走
（1984.2.3）

067

麦坎德利斯创造了人类第一次无绳自由太空行走，同时也让人类第一次成为地球的卫星。从此，人类不但在太空拥有自由权，更拥有希望和未来。

布鲁斯·麦坎德利斯自称老男孩，他毕业于美国海军学院，参加过古巴导弹危机的战斗。当海军航空兵期间，他驾驶过各种喷气式战斗机和直升机，飞行时间超 5200 多个小时。1966 年 4 月 19 日，麦坎德利斯被选拔为宇航员。

美国宇航局要进行一次史无前例的太空行走，而太空行走分为系绳太空行走和自由太空行走。人类首次自由太空行

TIPS

麦坎德利斯两次太空飞行共 13 天 31 分，包括 12 小时 12 分的自由太空行走，绕地球飞行 8 圈多，飞行里程为 34.5 万千米。

走是一项危险的壮举，美国宇航局测算其成为人体卫星的成功率为 99%，飘向太空、成为僵尸的失败率为 0.999%，飘向太空并拯救回

来的可能性为 0.001%。

1984 年 2 月 3 日，"挑战者"号航天飞机从肯尼迪航天中心起飞，机组人员包括指令长万斯，飞行员罗伯特·吉布森，任务专家麦坎德利斯、斯图尔特和麦克奈尔，科学任务是施放 4 颗卫星、第一次试验太空载人飞行器和第一次自由太空行走。

2 月 7 日，麦坎德利斯背着载人飞行器慢慢飘离"挑战者"号航天飞机。按天文学的意义，他就是一颗人造卫星，悬浮在漆黑的太空中，与地球同行。

前方，是一望无际、深不可测的漆黑太空。如果自由太空行走失败，麦坎德利斯首先成为"人体卫星"，一周后成为"僵尸"，半年后进入大气层，在重力、速度与火焰陪伴下瞬间化为灰烬。能不能安全返回？会不会成为"僵尸"？麦坎德利斯完全置之度外。只见他调整好姿势，果断启动开关，背包里喷发出氮气。载人飞行器缓缓推动，麦坎德利斯渐行渐远，一直飞出 97 米。

⬆ 来自太空，走向自由。

➡ 麦坎德利斯——人体地球卫星。

为了激励太空探险，
麦坎德利斯拥有一项专
利，即为航天飞机设计
"太空行走工具"。

人类第一次
在太空中自由飞
行，太阳在左边，
月亮在右边，满天
星星眨着眼睛，淡
蓝色的地球就在麦
坎德利斯的脚下，
大气层显得很薄很

薄，泛出淡淡的紫罗兰光泽，又像黑郁金香花蕊般梦幻。麦坎德利斯
情不自禁地赞叹：太美了！太壮观了！

随后，第二颗人体地球卫星诞生：宇航员斯图尔特摸索着来到
机舱边。他担心自己会飘入太空，手腕上系着安全带。很快，斯图尔
特发现身体还在原地飘浮并没有飘走，就解开安全带。他越飘越远，
飘到离航天飞机 92 米的距离，65 分钟后回舱。

之后，麦坎德利斯和斯图尔特共在太空自由行走 5 小时 55 分。
他们完成了重要而危险的任务，齐心协力将 4 颗卫星抬出航天飞机货
舱，并将卫星放飞送入低地球转移轨道。可惜有两颗卫星不争气，发
生故障，并没有进入静止轨道。

"这是我的第一次太空飞行，也是终生难忘的飞行。"麦坎德利
斯用行动证明：载人飞行器是可行的，但不完善；太空自由行走十分
完美。

斯韦特兰娜：
首次女子太空行走

（1984.7.25）

为了在太空争霸中胜出，苏联想创造人类首次女子太空行走的航天纪录。谁最适合执行此项艰巨的任务？她就是苏联女宇航员斯韦特兰娜——世界上第一位进入空间站的女宇航员、第一位太空行走的女宇航员。

1984年7月25日，斯韦特兰娜晃晃悠悠地爬出"礼炮–7"号空间站。四周一片漆黑，只有阳光照耀下的空间站很明亮。她试探性地离开空间站，头顶就是蔚蓝色的地球，上面的大海、山脉、河流和白云清晰可见。

太阳完全是大火球，阳光不是照射而是喷射；月球反射着暗淡的灰白色，显得清静

↑斯韦特兰娜喜欢撒娇发嗲。

而淡雅；忽远忽近的星空中，每颗星星一眨都不眨"眼睛"，似乎正在观看人类首次女子太空行走的壮举。第一次身处茫茫宇宙空间中的斯韦特兰娜，满脸笑容地向太空致礼——太空，你好！又对地球赞叹——地球，你真美！

斯韦特兰娜生于1948年8月8日，她的惊世壮举不仅归功于个

人的天生能力，更归功于她父亲的影响。其父是二战时期苏联王牌飞行员，曾两次获得苏联英雄称号，时任苏联防空军司令。

17 周岁生日时，斯韦特兰娜就完成 450 次跳伞，创下 3 项世界跳伞纪录。她 18 岁进入苏联最大的航空学校——莫斯科航空学院，开始飞行员训练；20 岁已经驾驶"牦牛 -18"教练机了。1970 年，斯韦特兰娜参加世界特技飞行比赛，获得冠军，被英国媒体誉为"白天鹅小姐"。

1972 年从莫斯科航空学院毕业后，斯韦特兰娜很快进入试飞员学校，驾驶涡轮螺旋桨和超音速飞机。在飞行"米格 -21"飞机时，她创造了 2683 千米 / 时的女子飞行极限纪录，并于 1976 年成为苏联雅科夫列夫设计局战机试飞员。1980 年，斯韦特兰娜入选苏联第二批女宇航员中队，并选定为苏联航天飞机宇航员。

1982 年 8 月 19 日，斯韦特兰娜坐在"联盟 T-7"号飞船 3 号座

⬆ 斯韦特兰娜（右）在"礼炮 -7"号空间站展示失重。

位上发射升空。她与宇航员列昂尼德、亚历山大一起对接"礼炮-7"号空间站，90分钟环绕地球一圈，飞行时间7天21小时52分，成为第一位进入空间站的女宇航员。

1984年7月17日，斯韦特兰娜进入"联盟T-12"号飞船，再次光临"礼炮-7"号空间站。她成为当时世界上第一位太空行走、第一位两次飞上太空的女宇航员，飞行时间为11天19小时14分，环球飞行186圈。

⬆斯韦特兰娜在维修空间站。

看，斯韦特兰娜走在空间站的边缘搬运仪器，进行焊接、维修、试验，准确无误的动作干脆利落、有条不紊——一组组英姿飒爽的影像瞬间传遍全世界。这些都证明：女子完全适应失重环境、太空行走和空间工作。

斯韦特兰娜创造了世界上女宇航员首次太空行走、太空工作、太空行走时间3小时58分等一系列世界航天纪录，并载入人类史册。至今，世界上已有10名女宇航员进行过太空漫步。为了表彰她的英勇壮举，一颗小行星被命名为"斯韦特兰娜"星。

抓捕卫星：
两场太空争霸赛
（1984.11.14）

　　航天飞机的一项功能，就是施放、修理和回收卫星。尽管宇航员在美国约翰逊航天中心训练了几个月，宇航专家也设计了各种应急方案，并进行了各种演习，但第一次太空回收卫星极度惊险——这是一出拯救卫星的大戏。

　　1984年2月7日，美国宇航员麦坎德利斯和斯图尔特在太空自由行走，将4颗卫星施放到太空。其中两颗卫星因固体发动机故障，不能进入36000千米的静止轨道，搁浅在900多千米的一个无用低轨道，而且每天都在降低轨道，情况越来越危急。

　　如何拯救这两颗卫星？1984年11月8日，美国"发现"号航天飞机从肯尼迪航天中心发射。第二天，宇航员将一颗加拿大通信卫星施放；第三天，将美国海军一颗"国

↑戴尔·加德纳。

↑约瑟夫·艾伦。

防"军事通信卫星送入太空。而捕捉卫星的工作,由约瑟夫·艾伦和戴尔·加德纳执行。

飞行员大卫驾驶着"发现"号航天飞机围绕轨道飞行,突然

▲与卫星格斗的勇士——艾伦。

发现前方一个影子在阳光照射下忽隐忽现。飞近一看,发现是印度尼西亚的"帕拉帕–B"卫星,它正若无其事地赶路。这颗卫星一直快速自转,像刺猬一样让人无从下手,被称为"旋转的毒刺"。大卫驾驶着"发现"号慢慢靠近"帕拉帕–B"卫星,直到"发现"号与卫星距离只有9米,二者并排飞行。

1984年11月14日13时25分,艾伦身背载人飞行器跨入太空,飘向卫星。他位于地球的下方,月亮的上方,四周无依无靠,脚下就是深邃的太空。女宇航员安娜灵巧地操作开关,关闭卫星的远地点发动机,控制游动发动机反向点火,卫星的自转速度渐渐放慢到每分钟一圈。艾伦用特制的塞子小心翼翼地将远地点发动机喷管堵住,但他费了九牛二虎之力也不能把卫星拉到航天飞机的机械臂附近。

艾伦深陷340多千米的太空,由于没有着力点,有力无处使。卫星似乎偏离轨道,远离航天飞机。艾伦急了:如果卫星飞错方向,自己也会消失在茫茫太空中。看卫星像顽皮的小孩沿着轨道奔跑,死活不肯回来,艾伦只得与卫星摔跤,用智慧战胜重量。

　　加德纳一直在机械臂旁干着急。经过 2 小时的格斗，卫星才束手就擒，被押回航天飞机上。此番艾伦太空行走 6 小时，被称为世界上第一位与卫星格斗的勇士。他自嘲道：这哪里是拯救卫星，简直是太空争霸赛。

　　接下来的太空争霸赛，宇航员方有加德纳，卫星方是"韦斯特尔 -6"号卫星。1984 年 11 月 16 日 11 时 09 分，加德纳从机舱边一跃而起，飘向"韦斯特尔 -6"号，姿势优美漂亮。他抓住卫星，却被卫星自转的惯性旋转得天昏地暗，感觉太阳、月球和星星一起在跟着旋转。

　　最后，加德纳使出吃奶的力气连拉带推，才把卫星拉到机械臂旁。他捕获卫星的时间也少于艾伦，并在艾伦的帮助下，把卫星吊入航天飞机货舱中的一只吊篮里。就这样，第二场太空争霸赛耗时 5 小时 42 分，加德纳获胜。

　　正当美国宇航局休斯敦飞控中心指挥员高兴得跳起来时，突然发现加德纳磨磨蹭蹭地掏出一张纸，上面印着：For Sale（出售）。大家都惊呆了：天哪，这家伙竟在天上打起广告卖卫星了！就这样，太空第一个广告诞生了。

➡ 加德纳举起"For Sale"广告牌。

070

太空武器：
颠覆战争观念
（1987.5.15）

太空是未来战争的制高点。谁失去了太空，谁就失去了胜利，失去了未来。战争无法律。如今，人类还没有一部禁止太空战争的法律。可以预言，未来战争一定先从太空打响，也为人类敲响警钟。

↑ "极地"号反卫星核雷。

↑ "能源"号运载火箭与"极地"号反卫星核雷。

1987年5月15日，世界上第一枚"极地"号反卫星核雷矗立在拜科努尔航天中心。这是有史以来最重的卫星，至今没有超越。

这种太空武器呈黑色圆柱形，长37米，直径4.1米，重达80.5或88吨，是一种波长为1.06纳米的红外激光器。在太空中，由于激光攻击半径大大提高，可以轻易摧毁卫星，"极地"号给任何人的感觉都一样——震撼和恐怖！

太空武器包括激光武器、粒子束武器、微波武器、动能武器、反卫星武器、高空核炸弹等。尽管许多太空武器还处于研制和概念化阶段，但不少已经试验成功，它们将改变战争观念和战略战术。

为了机动灵活地在太空巡航，太空武器一般没有太阳能帆板，没有大"翅膀"，同时装备的离子动力推进器具有很强的灵活性和攻击性。而且太空武器都有很强的变轨能力，必要时居高临下，如老鹰捉小鸡，以迅雷不及掩耳之势发起猛攻。

↑ 激光截击卫星发动攻击。

太空战分为太空保卫战和太空进攻战。太空保卫战主要将自己的卫星做好防核、防干扰、隐形等，如在敌人地面激光武器上方的大气层投放大量吸光材料，形成屏蔽激光的云层，保护自己的卫星不受侵犯。太空进攻战就是发射各种太空武器，主动进攻，打太空歼灭战。

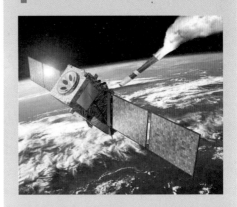
↑ 导弹卫星击毙敌星。

太空中也可以打游击战，如在敌方卫星的必经之地撒放金属碎片、胶水之类的"地雷""暗器"，让它寸步难行。当然，最简单的方法就是多发射飞船、航天飞机、空间站

↑ 核天雷卫星发射核导弹。

和空天飞机，让宇航员接近对方卫星，直接把它砸扁、拆毁。

军事理论家设想的太空大战，是以太空为战场的太空格斗，如太空歼灭战、太空保卫战、太空封锁战、太空破袭战、太空防御战、太空电子战等。

"暴风雪"号航天飞机：
英雄无用武之地

（1988.11.15）

071

一百多年前，俄国航天先驱齐奥尔科夫斯基就曾设想将飞机送入太空。20 世纪 70 年代初，美国制订了研制航天飞机的计划。为了不输在太空起跑线上，1976 年苏联也开始研制航天飞机，力争占领太空制高点。

当年，苏联调集了全国最优秀的科学家、工程师和技术人员，发誓要在十年之内造出航天飞机和运载火箭。为此，在全国各地秘密建造了几十个航天城、地下城、航天设计局、航天工厂和宇航员学校，上百万人投入航天飞机的研

↑"暴风雪"号骑在"能源"号火箭上发射。

制，而"暴风雪"号是苏联第一架航天飞机的名字。

一名英国间谍前来侦察苏联神秘的航天飞机，准备离开时被克格勃发现了。在人生地不熟的地方，一般人总是往深山老林、戈壁荒漠等人烟稀少的地方逃。大胆一点的人会想，最危险的地方最安全。这名间谍却想，人们最想不到的地方最安全。

战机为航天飞机护航。

这个地方在哪儿？只见他突然在地上打个滚，马上"疯"了：嘴里嘟嘟囔囔，说的话谁也听不懂。救护车把他拉到疯人院，经过多人辨别，才知道这个疯子说的是苏联靠近北极的地方一种最难懂的少数民族方言。装疯卖傻骗一般人可以，但骗不过医生的眼睛。可这名英国间谍凭借过硬的心理训练，居然骗过医生，住进神经病院。

当这名间谍认为万事大吉时，便悄悄翻墙逃出疯人院。他刚一落地，看见警察已经在等着了。被押赴刑场时，检察官问他到底叫什么名字，他吹一声口哨，笑着用手指向远方。这名间谍姓甚名谁，为谁工作，来自哪里，至今是个谜。英国军情六处否认曾派人刺探苏联航天飞机的机密，当然他更不是 007 邦德。

苏联"暴风雪"号航天飞机长 36.5 米，高 15.8 米，翼展 22 米，机翼掠角 45 度，运载重量 30 吨，返回时可携带重量为 15 吨。由于本身就带有发动机，能自主飞行，"暴风雪"号可进行科学实验、军事研究，施放卫星，运送大型货物，还可与"和平"号空间站对接，甚至发射、投掷核武器。

1988 年 11 月 15 日早晨 6 点，"暴风雪"号航天飞机由"能源"号火箭搭载，从拜科努尔航天中心发射升空，巨大的火焰映红大地和蓝天。飞高，再飞高，优美的姿态、漂亮的弧线让所有人终生难忘。它环绕地球 2 圈，飞行 3 小时 25 分，最后成功返回拜科努尔航天中心的跑道，落地非常准确。此次飞行是"暴风雪"号的第一次飞行，也是最后一次飞行，一次最后辉煌的飞行。

↑"暴风雪"号航天飞机在自由飞翔。

1991 年苏联解体，航天飞机被部分拆除乃至全部拆除，当废铁卖了。人们关于"暴风雪"号的许多美好理想，永远没能实现。苏联航天专家哀叹：人们还想看看到底鹿死谁手，想不到猎人先倒下了。

"麦哲伦"号探测器：
金星巡行者
（1989.5.4）

　　除太阳、月亮外，金星是在天空中人能用肉眼看到的最明亮的行星。金星不但外貌奇特，行为也很怪异。"麦哲伦"号探测器通过为金星拍透视照，揭开许多迷雾，人类星际探索的新篇章从此开始了。

　　1989年5月4日，"亚特兰蒂斯"号航天飞机从美国肯尼迪航天中心腾空而起。指令长戴维、飞行员罗纳德和任务专家马克、诺尔曼、玛丽都兴奋异常，因为这是航天飞机第一次施放航天器——"麦哲伦"号探测器。

↓"麦哲伦"号探测器。

　　第二天，当"亚特兰蒂斯"号飞到近300千米高空时，马克和诺尔曼花了6小时14分，将"麦哲伦"号从航天飞机的货舱放飞。

◀ "麦哲伦"号拍摄的金星。

　　"麦哲伦"号探测器又称金星雷达制图仪，以葡萄牙著名航海家、探险家麦哲伦的名字命名，高 6.4 米，直径 4.6 米，重 1035 千克。

　　为什么要给金星拍照、制图呢?

　　因为金星很神秘、很怪异。有时，金星在黎明前出现在东方天空，被中国人称为"启明星"，但它的特点是"反转慢跑"：太阳系八大行星中，地球等七大行星都围绕太阳逆时针自转，唯独金星像一个顽童顺时针自转，与兄弟们形成很怪异的"反转"。所以在金星上看，太阳是西升东落。

　　1990 年 8 月 10 日，"麦哲伦"号探测器经过 462 天的太空飞行，准时到达金星上空。由于金星是"反转慢跑"星球，"麦哲伦"号不得不根据金星的特点，也"反转慢跑"。

　　金星表面主要由火山遗留下的巨大熔岩平原、小熔岩和环形山覆盖，一些陨石坑较年轻，但不少于 8 亿年。"麦哲伦"号探测器发现一条超

▼ 火辣辣的金星和火山圆顶。

↑金星巡行者。

过 6000 千米的熔岩通道，十分震撼，被誉为"金星大伤疤"。从中，科学家仿佛看到火山爆发的场景：山崩地裂，浓烟滚滚，火山熔岩像河流般以极低的黏度快速流动……金星上也能看到陆地板块构造的典型标志——大陆漂移和盆底扩张，而且金星有稀薄的大气层，也有风蚀现象和沙尘。

"麦哲伦"号探测器利用高分辨率雷达测绘出第一张金星雷达图，至今仍是最详细的金星地图。它通过成像和分析，获得详细的陨石坑、丘陵、山脊和其他地质构造。在金星上，表面温度约 480℃，一切都火辣辣的。

空间探测器绝大部分执行单向任务，有去无回。1994 年 10 月 13 日 13 时，"麦哲伦"号用尽最后力气，向地球发出最后信号：永别了，地球！然后带着骄傲和遗憾，在金星上撞毁。从此，科学家将"麦哲伦"号探测器美誉为"金星巡行者"。

"伽利略"号探测器：
打开木星的暗门
（1989.10.18）

　　意大利物理学家、天文学家伽利略是利用望远镜观察天体取得大量成果的第一人。1610 年，他发现木星有 4 颗卫星，开辟了天文学新时代。"伽利略"号木星探测器则为天文学打开一扇暗门，让人类探测到一个遥远的真实星球。

　　伽利略曾说：追求科学需要特殊的勇气。400 多年后，为了纪念这位伟大的科学家，美国以他的名字命名世界第一颗木星探测器——"伽利略"号探测器。1989 年 10 月 18 日，美国"亚特兰蒂斯"号航天飞机将"伽利略"号送入太空，踏上飞往木星的旅途。

↑伽利略在进行天文观察。

　　"伽利略"号探测器高 7 米，重 2564 千克，是当时结构最复杂、技术和性能最先进的星际探测器。它将发射一颗大气探测器直接进入木星大气层考察，揭示木星的真面目。

　　木星是太阳系中最大的行星，也是一颗巨大的气体行星：木星质量的四分之一是氢气和氦气，它可能有较重的岩石核心，但没有固体表面。目前，科学家至少发现了 67 颗木星卫星。

"伽利略"号凭借火眼金睛，让人类第一次完整地观测到木星、木星卫星及其磁场。它第一次获取木星大气层样本，拍摄了雷雨到来之前出现在木星大气层中的巨大雷暴云图像。这场雷暴发出的闪电光，比地球上最强的闪电光还强 100 倍。

⬆会变脸的"木卫 -1"。

而早在 1979 年，"旅行者"号探测器就发现，"木卫 -1"表面有火山喷发和大量熔岩流动。喷发物以每秒 1000 米的速度被抛出，抛射高度达 400 千米。1996 年 6 月，"伽利略"号首次对"木卫 -1"进行观测时发现，它的表面与 17 年前相比有很大变化。"木卫 -1"之所以会变脸，说明它的地壳一直在活动。1999 年 7 月 3 日，"伽利略"号再次观测"木卫 -1"，又发现火山爆发达 100 多次。喷发出的火山烟柱高耸入云，到处布满岩浆湖，令人称奇。

2002 年 1 月 17 日，"伽利略"号在飞经"木卫 -1"火山口时，冒险下降到 100 千米高处。木星的巨大辐射导致"伽利略"号内部计算机系统死机、重启，摄像机和科学仪器都自动关机。尽管"伽利略"号危在旦夕，但一天之后它又奇迹般从系统瘫痪中恢复，并近距离拍摄了迄今为止清晰度最高的木星卫星表面图像。

　　"伽利略"号飞临"木卫 –2"时，最有价值的发现是探测到"木卫 –2"的表层下可能存在海洋，它极有可能成为太阳系中除地球外发现的第一个有液态水的天体。"木卫 –2"还可能存在微生物等早期生命形式，这让人类看到了外星生命存在的希望。

　　在"木卫 –3"上，"伽利略"号意外地发现了一个磁场。这是人类发现拥有磁场的第一颗木星卫星。在"木卫 –4"上，环形山比人们想象的要少得多，但有一条由 25 座直径十几千米的环形山一个扣一个连成的大锁链……

　　2003 年 9 月 21 日，"伽利略"号经过 14 年太空探索，燃料用完。为了不让地球细菌污染木星，为了在撞击时获取更多的木星资料，科学家精心导演了一场撞击木星的告别演出："伽利略"号探测器运行到木星背面，以每小时约 17 万千米的速度坠入木星大气层，在剧烈燃烧中结束了历史使命。

从"木卫 –2"卫星看木星。

斯捷潘诺维奇：
骑"太空自行车"的人

（1990.2.1）

太空行走，成为各国显示太空实力和勇气的象征。虽然自由太空行走的纪录，苏联落在美国后面，但苏联研制出一种不用安全绳进行自由太空行走的宇航员推进装置，让宇航员从此在太空中自由飞翔，从理想空间到深远空间。

苏联宇航员列昂诺夫第一次太空行走，振奋了所有地球人特别是宇航员的心。1984年，苏联研制出一种太空飞行时有生命保障的宇航员推进装置，完全摆脱了安全绳，用于自由太空行走。它重达218千克，有7千克压缩氮气，32个喷嘴分布在各个方向，速度增量20米/秒。

↑斯捷潘诺维奇（左）和亚历山德罗维奇。

当宇航员坐着时，它像一辆自行车；宇航员站起来背上它，又像一张没座的靠背椅。苏联宇航员称它为"太空自行车""飞椅"。苏联宇航局很想找一名钢铁战士，骑上"太空自行车"到太空遛一圈。

1989年9月6日，有四次太空飞行经验的斯捷潘诺维奇和谢列布罗夫乘坐"联盟TM-8"号飞船前往"和平"号空间站。斯捷潘诺维奇的代号为"骑士",他在"和平"号空间站要进行五次太空行走,并完成许多科研试验,特别是测试新宇航服和"太空自行车"。

1990年2月1日,"和平"号空间站正飞行在非洲上空,耳机里传来命令:"骑士,骑士,我是拜科努尔。你可以执行第三次太空行走。"斯捷潘诺维奇轻呼一声"乌拉",便穿着新型宇航服,摸索着骑上那辆笨重的"太空自行车"。

"太空自行车"与空间站并排飞行,斯捷潘诺维奇看见庞大的地球好像要压过来,蓝蓝的地球白云点点,海洋、山脉清晰壮观。他启动"太空自行车",感觉不错,能直行、后退、转弯,还能上行和下行,最远到达33米。斯捷潘诺维奇又"骑"到空间站舱窗旁,拿出一个小熊玩具,摇晃示意:我感觉良好。他在空间站周围共转悠了4小时59分钟,然后安全返回。

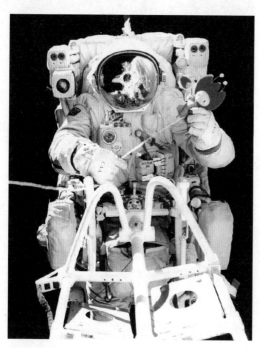

2月5日,斯捷潘诺维奇仗着胆子第二次出发,飞越了45米的距离。此番斯捷潘诺维奇和谢列布罗夫在太空度过166天,绕地球2631圈。1990年2月19日,他俩乘坐"联盟TM-8"号飞船回到地球。对于"太空自行车",斯捷潘诺维奇认为能骑行,但太笨重,不适合轻盈的太空行走。

◀ 斯捷潘诺维奇的"太空自行车"与小熊。

隐形卫星：
开打太空迷踪拳
（1990.2.28）

　　隐形，就是知道它的存在，却不知道它在哪里。隐形卫星是卫星与雷达、探测器之间的猫鼠游戏，其中的隐形技术不但创造一种超越自然的科技和魅力，更打开一片思维、创造和想象的太空。

　　1990 年 2 月 28 日，"亚特兰蒂斯"号航天飞机从肯尼迪航天中心升空，执行美国国防部的一项秘密任务——施放"朦胧"号照相侦察卫星。

　　"朦胧"号又称为"迷雾"号，具有隐形功能。它利用

⬆ 隐形——太空躲猫猫。

先进的隐形技术，能躲避光学、雷达、激光、红外系统的侦察，平时看不见，偶尔露峥嵘。而且"朦胧"号不但能隐形，还能隐蔽"思想"。

　　3 月 1 日，"亚特兰蒂斯"号飞行到 244 千米的圆形轨道上，施放了"朦胧"号照相侦察卫星。3 月 7 日，俄罗斯航天专家发现，轨道上有许多大块的卫星碎片，猜测"朦胧"号爆炸了。美国军方也发

表含糊其词的声明：残片将坠落。令人不解的是，俄罗斯并没有发现残片坠落。卫星专家猜测：最大的可能是，卫星在太空轨道上伪装空间爆炸和空间碎片。

果然，六个月后，欧洲天文爱好者发现一颗神秘的卫星——"朦胧"号的轨道痕迹。原来，"朦胧"号玩了一次金蝉脱壳。当人们发现"朦胧"号还活着时，它突然消失在黑幕之中，踪影全无。据绝密情报报告："朦胧"号至少"活"了7.5年。它拉开了太空隐形战的序幕。

隐形卫星是一种能隐藏身形，不被探测仪和雷达发现的卫星。隐形技术又称低可观测技术，号称20世纪最尖端科技之一，常用于军事卫星，能预测雷达信号并欺骗雷达。这种卫星在雷达等探测器前隐形，主要采取五种方法：1.卫星吸收、不反射或尽量减少反射雷达电波，使雷达看不见隐形卫星；2.仿真和模拟空间状态，回避和防止光学、雷达、激光、红外的探测照射；3.隐蔽卫星与地面的通信信号；4.隐藏和消除发动机的热量；5.尽量将卫星做得小一些。如果几种方法一起运用，隐形效果会大大提高。

隐形卫星的最高境界，是化为太空的一个分子、空间的一片黑色、

◀全频谱隐形：不反射探测的电波。

分身隐形：多用于体积很小、功能单一的卫星。

时空的一个概念，看上去像一片星空，更像一片透明的星空，有时还可伪装成太空垃圾。不论隐形卫星是防身还是进攻，都具有极高的军事用途。目前，军用卫星已经向微型化、高智能化和隐形化发展。卫星隐形术也有多种，如全频谱隐形、仿生隐形、纳米隐形、分身隐形、虚拟隐形等。

从科技角度看，隐形技术是人类聪明才智的结晶：它应用了数学、物理学、化学、流体动力学、光学、声学、仿真学等学科，将计算机、智能、卫星、电子、通信、导航、结构、控制、材料、制造等高科技技术融为一体，并形成为独立的学科。

但隐形技术纯粹是垃圾技术：它与原子弹、毒气弹一样，透着一股杀气，完全用于军事、战争和杀戮，对人类文明没有什么贡献。人类和科学只能以无奈、遗憾和鄙视评价隐形技术，因为隐形隐不去血腥、丑陋和邪恶。

太空望远镜：
超深空视场
（1990.4.24）

076

太空望远镜能看见多远的过去？又能看见多远的未来？天文学家说：它可以帮助人类揭开许多旷日持久的谜团。太空望远镜将看穿遥远的时间，看透深邃的空间，让宇宙变得清晰，天文学的"游戏规则"会由此改变。

1738 年 11 月 15 日，在号称欧洲十字路口的德国汉诺威，一个音乐世家诞生了一个男婴威廉·赫歇尔。

↑ 威廉·赫歇尔（1738-1822），英国天文学家，恒星天文学的创始人。

赫歇尔爱好音乐，更爱好天文。年轻的他是音乐师，虽然业余研制望远镜，从事天文观测，却被聘为宫廷天文学家。

赫歇尔用自制大型反射望远镜，发现了天王星及其两颗卫星和土星的两颗卫星，还有太阳的空间运动。他一共发现 800 颗星球，几乎超过前人所有发现，因此成为恒星天文学的创始人。为纪念这位爱好天文学的音乐家、精通音乐的天文学家，一架史无前例的太空望远镜命名为"赫歇尔"号。

太空探索是全人类的追求和理想。早在 1609 年,伽利略便创制了伽利略望远镜,能让星星变近、变得更清晰,大大超过人们之前的想象。1923 年,德国火箭之父赫尔曼·奥伯特首先提出,用火箭把望远镜送入太空。

1946 年,第一个提出太空

↑"赫歇尔－普朗克"太空望远镜。
←"哈勃"太空望远镜。

望远镜的美国天文学家斯皮策曾预言:太空望远镜能避免太阳和地球发出的红外线干扰,用红外线穿越气团和尘埃去分析恒星的诞生和死亡,推演宇宙"婴儿期"的模样,揭开未知天体的神秘面纱。

1962 年 3 月 7 日,美国发射了世界上第一架研究太阳的太空望远镜,成为人类探测宇宙的万

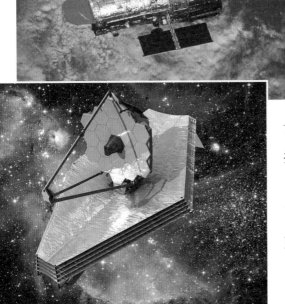

←即将发射的"詹姆斯·韦伯"太空望远镜。

里眼。近 30 年来，人类发射了十几架太空望远镜，其中最著名的当数"哈勃"太空望远镜。

"哈勃"太空望远镜走在人类的前面，是一个勇敢的探险家。它以近代宇宙学奠基人哈勃的名字命名，是当时最大、最精确的天文望远镜，造价近 30 亿美元。1990 年 4 月 24 日，美国宇航局"发现"号航天飞机将它送入太空。进入太空后，天文学家发现它是近视眼。宇航员曾五次把它抓回航天飞机，经过视力矫正"手术"，它的视力总算达到最高标准。

"哈勃"太空望远镜已在太空中运行了 20 多年。它带来各种新发现，使人类对宇宙的认识产生重大改变，如"哈勃"太空望远镜的超深空视场，为人类直接观察宇宙、星系、黑洞提供了确定宇宙大小和年龄的测量方法，以及宇宙在扩展、加速的证据。"哈勃"太空望远镜还拍摄了无数令人惊奇的图像，为天文学做出巨大贡献。

太空望远镜是建在太空的天文台，人称"太空之眼"。它不但能看清宇宙空间的外表，还能透视宇宙空间的"心理"，看透宇宙的过去、现在和未来，帮助人类对宇宙有更清晰的认识。可以说，太空望远镜不仅仅是一种视觉的扩展，更是一种思维的飞翔。

太空移民的起点：
16 次太空行走
（1990.7.17）

16 次太空行走，超 82 小时 22 分钟，索洛维约夫创造了最多次太空行走和最长时间太空行走两项世界航天纪录。他不仅仅创造了世界纪录，更为建设空间站、太空城和人类太空移民积累了宝贵经验。

能不能飞得更高？ 1976 年 8 月，阿纳托利·索洛维约夫经过层层筛选，过五关斩六将，终于入选苏联宇航员队伍。1979 年 1 月，他完成加加林宇航员训练中心的太空飞行培训，成为宇航员和宇航试飞员。

↑ 俄罗斯宇航员阿纳托利·索洛维约夫。

1988 年，索洛维约夫与萨维内赫、保加利亚宇航员亚历山德罗夫第一次飞行，历时 9 天。第二次太空飞行任务从 1990 年 2 月 11 日到 8 月 9 日，索洛维约夫完成了 179 天飞行。他很想体验翱翔太空、俯瞰地球、眺望太阳系和银河系的太空行走感觉。

机会终于来了。1990 年 7 月 17 日，索洛维约夫进行一次太空行走，历时 7 小时。此次，他的任务是修理飞船。索洛维约夫说：轻

TIPS

太空行走有什么感觉？索洛维约夫回答：每一个细胞都在激动。

轻打开舱门，我发现外面的世界很熟悉又很陌生。出舱后，我看见一个没有空气的太空，老实说，心里有些复杂。我捏了捏拳头，提醒自己要小心，千万别飘远。

虽然身上有两根保险绳，但我还是死死抓住飞船把手，久久不愿松开。突然，一种飘飘忽忽、自由自在的感觉油然而生。漆黑的太空并没将我吞没，地球引力也没将我拉向地球，明晃晃的太阳更没将我烤焦。当满天星斗瞪大眼睛看着我时，我鼓起勇气跨出第一步。脚下就是地球：大西洋、欧洲、非洲、印度洋、亚洲、太平洋、美洲，一个个飞驰而过……

这是一次非常宝贵的经历，为索洛维约夫以后的太空行走奠定了坚实的基础。在进行第二、第五、第十和第十五次太空行走时，索洛维约夫很自然地拴住保险绳就行了，双手可以进行各种操作，完成修理和安装任务。

索洛维约夫十分自豪：从20世纪八九十年代，他参加过五次太空飞行访问"和平"号空间站，是进入"和平"号次数最多的宇航员，在太空度过651天时间；他还执行过16次单独出舱，创下最多次太空行走的世界航天纪录，曾在一次太空飞行期间进行过7次太空行走；他一共太空行走82小时22分，创造了总时间最长太空行走的世界航天纪录。

"尤利西斯"号探测器：
向太阳挺进

（1990.10.6）

　　自古以来，人类崇拜太阳，但从科学的角度说，人类对太阳并不了解，太阳的许多异常现象至今都无法解释。为了让人类了解太阳，"尤利西斯"号探测器开始了人类历史上最危险、最伟大的探测——向太阳挺进。

　　太阳是太阳系的中心，呈几乎完美的球形。它直径约 140 万千米，大小为地球的 109 倍，质量是地球的 33 万倍，占太阳系总质量的 99.86%。太阳形成于约 46 亿年前，由于其核心变得越来越密越热，最终将引发热核聚变。

　　太阳属于恒星，颜色是白色的，但地球大气散射蓝光，所以从地球上看太阳是黄色的。太阳的表面温度约为

↑ 两个 STEREO 探测器从太阳两侧拍摄而合成的太阳立体图像。

5500℃，每一秒燃烧 6.2 亿吨氢燃料，因此是天空中最亮的天体。太阳距地球的平均距离约为 1.5 亿千米，太阳光照到地球的时间约为 8 分 19 秒。

　　为了探究太阳，自 20 世纪 60 年代起，苏、美发射了多个探测器，

如苏联的"质子"号、"宇宙"号，美国的"太阳神"号、"先驱者"号、"旅行者"号等，都肩负着观测太阳的使命。

1990年10月6日，美国"发现"号航天飞机将美国宇航局与欧洲空间局联合研制的"尤利西斯"号探测器送入太空，它的科学任务是探测太阳的两极、巨大的磁场、宇宙射线、宇宙尘埃、γ射线、X射线和太阳风暴等。

虽然"尤利西斯"号没有在太阳的南北极发现预想中的宇宙射线，给天文学家提出了新课题，却发现太阳的南北极温度略有不同。"尤利西斯"一直等待一场猛烈的太阳风暴，非常可惜，期间太阳十分明丽。这时，"尤利西斯"号接到一项危险的新任务。

原来，1995年12月26日，45岁的日本天文观测者百武裕司发现一颗彗星，命名为"百武-1"号彗星。1996年1月31日凌晨4时，百武裕司突然又发现一颗具有彗星特征的天体，正位于他上个月发现第一颗彗星的地方。它比第一颗彗星密度高，但亮度暗淡。百武无法确认那颗彗星是否在移动，便把发现传真给东京的日本国家天文台彗星专家秀一本。

很快，秀一本给他发来传真：你发现了一颗新彗星。这颗彗星

↓"尤利西斯"号穿过"百武-2"彗星的尾巴

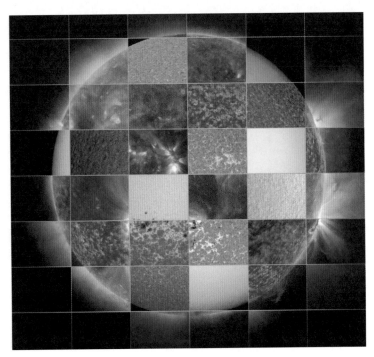

2013 年 2 月 1 日消息，美国宇航局（NASA）最近发布了通过不同波长观测结果拼凑成的一张太阳图片。通过这种观测方法，科学家们可以监测太阳的表面和大气，掌握太阳的活动规律。

命名为"百武–2"号彗星，百武因此赢得了全世界的尊敬。

为了抓住机会，科学家命令"尤利西斯"号顺便探测这颗不期而遇的星体——"百武–2"彗星。1996 年 5 月 1 日，"尤利西斯"号第一次遭遇爆亮而壮观的"百武–2"彗星，并穿过"百武–2"彗星的尾巴。幸运的是，它还有一个惊人的发现："百武–2"彗星的彗尾长度约 5 亿千米，是迄今发现的最长彗尾。

2008 年 1 月 24 日，"尤利西斯"号成功飞越太阳北极，并冒着被毁的危险对太阳极地风暴进行取样。在地球上，科学家很难观测到太阳极地风暴。

"尤利西斯"号研究了太阳风暴的特性、日光层磁场和太阳射电爆发，它的发现令科学家瞠目结舌：太阳远比以前了解到的更复杂。尽管研究结果与科学家的设想大相径庭，但人类至少更进一步观察并了解了太阳的"身体""性格"和"脾气"。

"卡西尼－惠更斯"号探测器：
穿越土星光环

（1997.10.15）

　　为什么土星光环像翩翩飘带？为什么它在阳光下闪耀着钻石般光芒，变换角度又会展示天堂鸟一样迷幻的颜色？奇异的土星光环里究竟隐藏着什么秘密？"卡西尼－惠更斯"号探测器为我们揭示一颗全新的星球，谜底逐渐变得清晰。

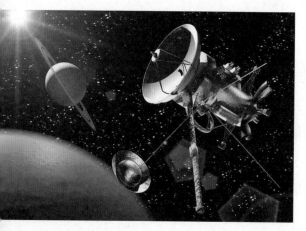

↑"卡西尼－惠更斯"号探测器由"卡西尼"号探测器和"惠更斯"号探测器两部分组成。

　　400 年前，意大利天文学家伽利略用望远镜观察土星时，发现土星好像长着两只神奇的耳朵：不但会变化，有时还会消失。对此，伽利略百思不解。

　　1659 年，荷兰天文学家惠更斯也发现土星的耳朵。经过更细致的观测，惠更斯发现土星那两只像耳朵一样的东西，其实是连在一起的，像一个环绕土星的扁平状圆环。

　　1679 年，出生于意大利的法国天文学家卡西尼认为圆环由无数小环构成，中间有许多暗缝，其中最大一条暗缝后来被命名为卡西尼环缝。

250

20世纪90年代，为了详细考察土星及其卫星，美国宇航局、欧洲空间局和意大利宇航局合作，研制了土星探测器"卡西尼－惠更斯"号，并于1997年10月15日在美国肯尼迪航天中心升空。经过近7年的航行，走过智慧、惊险和黑暗的太空旅行，2004年7月1日"卡西尼"号开始对土星大气、光环和卫星进行历时4年的科学考察。

土星是充满气体的星球，天文学家认为土星大约有20多颗卫星，"卡西尼"号却发现土星有一个又一个的"孩子"，直到第60个，还不包括那些数不清的孙子辈。

"卡西尼"号冒着生命危险，穿过美丽的土星光环。它发现土星光环直径约8万千米，厚度10～1000米。光环几乎都是冰块，小的1厘米，大的10米，再加上一点岩石、尘埃组成。正是这些冰块，让

↑ 土星与环缝。

↑ "土卫－6"卫星上的世外桃源。

↓ "惠更斯"号固定在"土卫－6"卫星上探测。

目前，"土卫-6"卫星是除地球以外，在太阳系中唯一存在湖泊的天体。

土星光环闪闪发光。

2005年1月14日，"惠更斯"号冲入"土卫-6"卫星稠密的大气层，最后撞击在"土卫-6"卫星坚硬的岩石上，却毫发无损。它成为人类太空探测以来，降落在太阳系星球上最远的人造物体。

"惠更斯"号固定在"土卫-6"卫星上探测，向地球发回珍贵的详细资料。原来，"土卫-6"卫星与早期的地球表面十分相似。

2008年7月底，"卡西尼"号传来令人振奋的好消息——一个湖泊位于"土卫-6"卫星的北极，大约420千米长、350千米宽，面积约12万平方千米，远大于美国和加拿大共有的世界最大淡水湖苏必利尔湖，被命名为丽姬亚湖。在"土卫-6"卫星的南极，还有一个更大的湖泊，大小相当于世界上最大的湖泊——里海（咸水湖）。这样看来，"土卫-6"卫星可能是一个滋润的世界。

一次旷日持久的远征，一次成就辉煌的探险。"土卫-6"卫星有大气层、季节变化、云雨气候循环、大型湖泊、有机化学物，并蕴藏着大量的地下海洋和丰富的油气田，它还可能存在人类最希望得到的好消息——生命。

国际空间站：
太空合作的典范

（1998.11.20）

　　国际空间站是太空合作的典范：不但为建造太空科学、太空工厂、太空旅游、太空城提供了经验，而且向登陆月球和火星、深空探索等远大目标前进了一大步。由于闪烁着人类智慧、勇气、力量和科技的光芒，国际空间站注定成为全人类的骄傲、太空探索的重要里程碑。

　　1984 年，美国总统里根提议，在科技日益发达的地球上空，建一个长期有人工作的空间站。之后，美国、俄罗斯、加拿大、日本、英国、法国、德国等16 个国家合建了一个庞大的空间站——国际空间站，它是人类发射的第十座空间站。

↑国际空间站。

　　航天科学、生命科学和信息科学号称人类最伟大的科学，而人类最伟大的工程是太空工程。国际空间站虽然庞大、复杂，安装原理却很简单，就是太空搭积木——美国航天飞机、俄罗斯"质子"号火箭运送大型舱段，美国航天飞机和俄

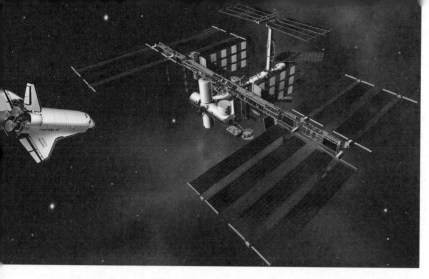

罗斯"联盟"号运送宇航员和科学家，欧洲空间局、日本宇航机构和美国太空探索技术公司的货运飞船运送食品、燃料和零部件，宇航员像小朋友搭积木一样，在太空中建设国际空间站。

国际空间站结构复杂，体积庞大，投资总额超 1000 多亿美元。1998 年 11 月 20 日，第一个组件"曙光"号功能舱发射成功。为了国际空间站，各国也付出沉重的代价，但浪费的资金比实用的更多。为了给国际空间站运送宇航员，美国有 2 架航天飞机失事，14 名宇航员命丧太空。

国际空间站是一个超级太空实验室，也是一个太空联合国。它以最先进的研究设备，吸引了不同肤色、种族和国籍的科学家，成为人类在太空中进行长期科研的一个平台，为许多国家的科学家、天文学家提供方便。国际空间站一般容纳 6 人从事考察活动，最多时可居住 10 人，时间为 3 ~ 7 个月。

国际空间站在不断长大。2011 年 12 月，俄罗斯"进步-M"号货运飞船运送最后一个舱段，国际空间站完全建成。国际空间站长 108.5 米，宽 72.4 米，高度为 20 米，重量约 450 吨，燃料重量约 4 吨，8 片太阳能帆板最多产生 120 千瓦电力。宇航员生活和工作的空间有 837 立方米，相当于两架"波音-747"飞机的空间。

国际空间站里十分温馨，温度保持在 18℃，1 个大气压，但还是容易患上心理、心血管、太空运动病等太空病。宇航员会脸红脖子粗，青筋暴起，脸部肿胀，称为"太空脸"，其中女宇航员更明显。

怎样从地球到国际空间站？需要多少钱？宇航员可以从俄罗斯拜科努尔航天中心，坐"联盟"号飞船奔赴国际空间站；也可乘美国航天飞机启程，前往国际空间站。宇航专家认为：如果坐俄罗斯飞船去，2012 年的航天票涨价了，约 5000 万美元，虽然挤一点但安全、便宜；如果乘美国航天飞机，航天票价 1 亿美元，虽说价格贵危险性高，但舒服。返程也可选择飞船或航天飞机，总之不管坐什么升空，到太空工作总是一件快乐的事。

国际空间站设计寿命可能到 2028 年。2014 年 1 月 25 日，国际空间站飞行时间达到 5558 天，其中载人航天 4832 天，在太空围绕地球运行约 86607 圈，行程 30 多亿千米。国际空间站不会自己发光，但反射太阳光线，它如同一个小月亮，悬挂在太空。

在地球上，除了能用肉眼看见太阳、月球，还可以看见一颗新星——国际空间站。国际空间站每天 16 次经过世界各地，美国宇航局每天公布和预报飞临世界各地的时间表。在日出前或日落后，人的肉眼可见一个由西北朝东南方向缓慢移动的亮点，飞越天空 2 ～ 5 分钟。你能看见这颗太空第三亮度、夜空第二亮度的人造天体吗？

大胆创造惊险。

惊险：在新西兰库克海峡上空，宇航员罗伯特（右）和克里斯在安装电缆。

日本女宇航员山崎直子的"太空脸"。

太空举重。

太空排球。

宇宙飞船公墓：
"和平"号空间站陨落

（2001.3.23）

　　一座美丽的珊瑚岛，一个著名的空间站，一段令人唏嘘的安魂曲。没有哀悼仪式，也没有墓碑。那些曾经辉煌的名字，除了偶尔被提起，海面上没有一丝纪念的痕迹。人们不知道碎片来自哪艘飞船，但知道它一定是来自为人类立过战功的好飞船。

　　在太平洋中部，有一个世界上最小的共和国——基里巴斯。基里巴斯首都塔拉瓦东南方向 3200 多千米，就是美丽的珊瑚岛——圣诞岛。1777 年 12 月 24 日平安夜，英国航海家詹姆斯·库克船长登上此岛，就命名它为圣诞岛。圣诞岛是世界上最大的珊瑚环礁岛，其形状像一只昂首爬行的乌龟。

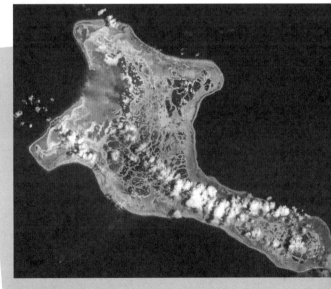
↑美丽的墓地——圣诞岛（从国际空间站上拍摄）。

　　圣诞岛是热带旅游胜地，也是度假垂钓天堂。这里，北梭鱼、

➡ 迄今坠落地球最大的人造空间飞行器之一，便是俄罗斯的"和平"号空间站。和其他自主坠毁的飞行器不同，"和平"号是在地面引导下主动坠毁的，其残骸安全坠落于太平洋广阔海域。

金枪鱼、鲷鱼会自动上钩，漂亮的热带鱼会亲吻人的脚丫，并潜入透明的海底和鲨鱼竞赛；这里，蔚蓝的天空纯洁透明，湛蓝的海水晶莹剔透，银白色的沙滩柔软轻盈……只要有时间和金钱，你将亲眼目睹这一切。

由于圣诞岛位于南太平洋的广阔海域中，岛屿少，人类活动少，几乎没有船舶航行，水下资源也没有开发，是最安全的海域，人们便将一片长 10000 千米、宽 1200 千米的海域作为宇宙飞船墓地。

宇宙飞船公墓，又称航天器公墓。圣诞岛，这个美丽的公墓安葬了 200 多个废弃的卫星、宇宙飞船和空间站，其中包括至今仍令人备感怀念，并充满传奇色彩的苏联"和平"号空间站。

"和平"号空间站是当时世界上重量最大、载人最多、寿命最长、技术最先进、在轨工作时间最长的空间站，也是世界上第一座多舱段组合的空间站。它是苏联太空计划中最璀璨的明珠，各种肤色、性别、民族和国家的宇航员都与"和平"号结下深厚的友情，留下许多优美动听的故事。

天下没有不散的筵席。"和平"号的设计寿命是 5 年，却在太空中整整飞行了 15 年。"和平"号空间站的陨落，曾让全世界许多科学家和宇航员为之黯然神伤。

　　2001 年 3 月 23 日，"和平"号空间站围绕地球飞行许多圈后，慢慢接近南半球。宇航专家计算好时间、高度、速度和角度，命令"和平"号重返大气层。"和平"号沿着设定的死亡轨道，降低高度，进入澳大利亚西北部上空，在烈焰和爆炸中焚毁。

　　"和平"号粉身碎骨后，残片坠落圣诞岛附近深邃的冰冷海底，完成自己的历史使命。在湛蓝的海底，"和平"号空间站的灵魂陪伴热带鱼、珊瑚，与坠落于此的其他飞船和空间站一起回忆过去的辉煌。

↑以流星般美丽的光彩结束自己的生命。

火星探险家：
用事实和数据说话

（2001.4.7）

科学是严肃的，它用事实和数据说话。看，"奥德赛"号探测器机智勇敢，小心谨慎，在为火星描绘红色地图时，也为火星车登陆火星开辟了道路，并创造了火星探测新的奇迹和历史。

火星有一个红色、炽热的神秘外表，在八大行星中距离地球最近。它的两颗卫星"火卫-1"和"火卫-2"形状既小又奇特，天文学家猜测它们可能是被火星引力捕获的小行星。

1975 年，美国宇航局发射了"海盗-1"号和"海盗-2"号探测器。"海盗-1"号在围绕火星飞行时，曾拍摄了大量火星地貌。1976年，它无意中从一个角度拍摄了

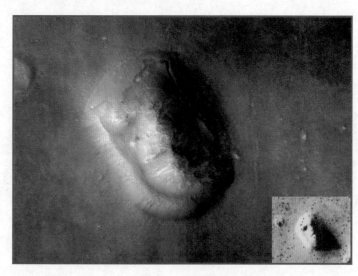

↑"火星环球探测者"号与"海盗-1"号（右下）拍摄的火星上的神秘面孔。

一张照片，震惊世界：一座神秘面孔雕像，看起来非常像人脸。

这张照片引发公众的兴趣，一些小报执意认为这是外星文明。许多严谨的科学家对此却表现出不同寻常的淡定，美国宇航局也没流露进一步调查神秘面孔的迹

神秘面孔的立体图。

象。由于受当时照相技术限制，"海盗"号只拍摄到分辨率很低的模糊照片。

1996 年 11 月 7 日，"火星环球探测者"号发射升空。它装备了高清晰度照相机、激光测高仪、热辐射光谱仪、磁强计和电子反射仪、多普勒测量振荡器等最先进的科研仪器，美国宇航局称它为"红色科学家"，并交给它一项秘密任务：寻找 1976 年"海盗 –1"号拍到神秘面孔雕像的地方。

1998 年，"火星环球探测者"号凭借高清晰度照相机，拍到更详细的照片，才知道那座神秘面孔雕像长、宽各 3 千米，高 1 千米，是一种天然台地，也就是一个孤立的、相对平顶的小山。这种台地在火星上相当普遍，在地球上的许多地方也很多。

2001 年 4 月 8 日，"火星环球探测者"号再次飞临拍到神秘面孔雕像的地方，从同样的高度和角度拍摄最清晰的照片，并利用激光测高仪测到详细的数据，合成立体图。当最清晰的照片出来后，绝对没有人怀疑——真的是天然台地！

2001 年 4 月 7 日，"奥德赛"号火星探测器发射。它掠过火星表

面，用光谱仪、红外成像仪等先进科研仪器扫描火星，并评估火星车登陆火星可能面临的危险。

2006 年 12 月 23 日，"奥德赛"号飞越火星，在基多尼亚地区也拍到一张奇异的照片：那是一个外星小女孩的脸部形象——额头、眼睛、鼻子、嘴巴、下巴、颈部和特大的耳朵，惟妙惟肖。此次人们赞叹神奇的地貌、大自然的魅力以及光与影的巧妙，再也没人相信火星上有外星人或外星人的作品了。

↑"奥德赛"号探测火星地下丰厚的水冰。

"奥德赛"号还利用各种科研仪器，对火星的化学和矿物质组成进行探测、分析，以确定这颗红色星球上是否存在水源，并寻找可能隐藏的水资源。由于火星上很冷，水都以冰的形式隐藏在两极的地层下面。

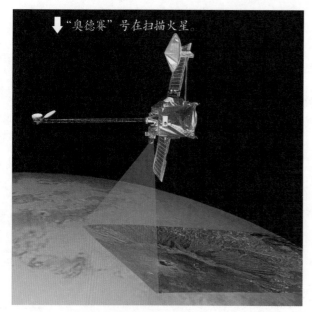

↓"奥德赛"号在扫描火星。

星际探索是一项危险、复杂、成功率很低的科学实验，而火星被公认为是一颗非常难探测的行星。"奥德赛"号干得十分漂亮和成功：它不但测量了火星表面化学和矿物质组成情况，还绘制了最详尽的火星地质图和水源布局图，因此成为火星探测成就最大的探测器。

丹尼斯·蒂托：
第一位太空游客
（2001.4.28）

梦想和向往太空的富翁，总是把上太空作为人生最大的理想。目前，全世界已有 7 人 8 次飞上太空潇洒一游。太空旅游由富翁带头，开辟出未来航线。

1957 年 10 月 4 日，苏联成功发射了世界上第一颗人造卫星。当时，美国纽约一名年仅 17 岁的高中生——丹尼斯·蒂托激动不已，并萌生了要亲自遨游太空的理想。

后来，蒂托毕业于美国纽约大学，获宇航学士乃至硕士、博士学位。他虽然学的是宇航专业，却当不上宇航员，离太空还很远。

为了能登上太空，蒂托毅然采取

↑耶，太空游真棒！

一个笨办法：先挣钱，再上太空。1972 年，蒂托创办了威尔希尔投资管理公司，选择那些高科技、高风险的行业。随着事业越来越红火，他终于掌控了 12.5 亿美元资产。尽管蒂托从航天工程转行到投资管理，他的兴趣依然在太空探索上。

"超级航天飞机"搭载着
一批新游客来到太空旅馆。

外挂式燃油箱改
造成的旅馆房间

自由起降区域

↑ 太空旅游。

蒂托的太空之旅非常曲折：当年，他便是世界上第一个提出太空旅游的游客，并与俄罗斯宇航局签约登陆"和平"号空间站旅游，还支付了2000万美元。由于"和平"号空间站空间狭小和即将退役坠落，蒂托的太空梦差一点就成为噩梦，最后阴差阳错地换成国际空间站。

为实现这一夙愿，蒂托已等待40多年。2001年4月28日7时37分，世界首位太空游客、美国亿万富翁蒂托终于搭乘"联盟"号飞船，准时从拜科努尔航天中心升空。4月30日7时58分，飞船与国际空间站对接成功，一起飞行在高200多千米的轨道上。

当俄罗斯宇航员打开舱门，蒂托"飘"进空间站时，国际空间站里的宇航员问蒂托的第一句话竟是："把钱都带来了吗？""天哪，太空竟然也有抢劫了！警察在哪儿？"蒂托故作害怕地说，"要钱没有，要命一条！"

蒂托在太空飞行7天22小时04分，环绕地球125圈。"这是一次伟大的旅行，我爱太空！"蒂托在空间站说。蒂托的太空之旅具有伟大的意义，它开创了太空旅游的新篇章。

目前，全世界共有7人8次依靠金钱的力量，以太空游客的身份轻松登上国际空间站。他们分别是——

2002年4月25日至5月5日，南非的管理软件、风险投资大王马克·沙特尔沃思乘坐俄罗斯飞船到国际空间站春游。

2005年10月1日至11日，美国光电传感器老板格雷戈里·奥尔森乘坐俄罗斯飞船到国际空间站进行科学实验和太空秋游。

2006 年 9 月 18 日至 29 日，美籍伊朗女富翁、美国电信大王阿诺舍·安萨里搭乘俄罗斯飞船到国际空间站一圆儿时的彩色梦想。

2007 年 4 月 7 日至 21 日，美籍匈牙利人、著名软件工程师查尔斯·西蒙尼第一次到达国际空间站。2009 年 3 月 26 日至 4 月 8 日，他又花了 3000 万美元再次光临国际空间站。

2008 年 10 月 12 日至 24 日，英籍美国电脑游戏公司富翁理查德·加里奥特登上国际空间站，度过人生最难忘的一周。

2009 年 9 月 30 日至 10 月 11 日，加拿大太阳马戏团老板盖伊·拉利伯提花 4000 万美元，代表全球马戏界和小丑登上国际空间站。

↑ 马克·沙特尔沃思

↑ 阿诺舍·安萨里

↑ 盖伊·拉利伯提

↑ 格雷戈里·奥尔森

↑ 查尔斯·西蒙尼

↑ 理查德·加里奥特

立方体卫星：
在课桌上造卫星
（2003.3.30）

立方体卫星虽然很小，却是多学科交叉智慧的结晶。现在，大学生造卫星已不是头条新闻，世界各国上百所大学都在研制立方体卫星，并走在世界前列。这些课桌上诞生的小精灵们飞向各自的轨道，展示科技、智慧和魅力。

丹麦是欧洲北部一个风景秀丽的袖珍小国，也是安徒生童话里美人鱼、丑小鸭、卖火柴的小女孩的家乡。联合国将丹麦评为全球最幸福的国度，那里有一所年轻的大学——奥尔堡大学。

2003 年 6 月 30 日，奥尔堡大学学子翘首盼望来自俄罗斯的好消息。此时，俄罗斯普列谢茨克航天中心一片繁忙，一枚"呼啸"号运载火箭将点火升空。10 分钟后，五颗日本、加拿大、美国和丹麦奥尔

◀ 奥尔堡大学位于丹麦的第四大城市人口的奥尔堡市。

堡大学学生研制的卫星进入太空，发射成功，奥尔堡大学一片欢呼。原来，奥尔堡大学研制的是世界上第一颗立方体卫星。

什么是立方体卫星？就是长、宽、高各 10 厘米，重量不超过 1.33 千克的立方体形卫星。立方体卫星也是一个教育计划，目的是学生通过

↑1U 立方体卫星。

↑2U 立方体卫星。

↑3U 立方体卫星。

设计、研制立方体卫星，学习、理解、掌握世界先进的空间技术，提高想象力、创造力和动手能力，增强团队精神。

立方体卫星一般运行在 250 ～ 1000 千米的低轨道上。由于立方体卫星几乎不带燃料，它的设计寿命短的只有几天，长的几个月，最多的 2 ～ 3 年。大部分立方体卫星没有推进系统，靠火箭给它的初始速度飞行。现在，有的立方体卫星使用微型离子调姿火箭，给自己装上力量的翅膀，技术和功能也越来越接近大卫星。

立方体卫星虽小，却五脏俱全。卫星上的很多部件，如分析仪、激光光纤陀螺、图像传感器、微波发射机以及电动机等有可能做得最小。它们集成在半导体基片上，构成立方体卫星的基本组成部分。

卫星功能元件和小型仪器，都集成到一个很小的半导体芯片上。一个由电池供电的微型芯片就可以完成一台仪器的作用，而不必再使

用如太阳能电池阵,大大减轻部件的质量。当将各个分系统、小部件组装成卫星,经过分系统测试、综合测试、地面测试和太空环境测试,测试结果优秀便可进入发射程序。

大学生们十分欣赏自己的作品,并把它作为艺术品送给太空。随着立方体卫星计划及知识在发达国家的普及,到2013年底,各国大学已发射110多颗立方体卫星。未来,相信这些设计者们不是成为卫星设计专家,就是航天的领导者。

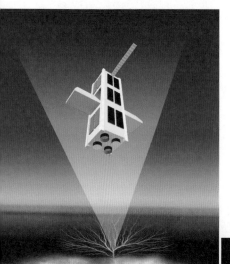

◀ 立方体卫星观测雷电。

立方体卫星编队飞行。

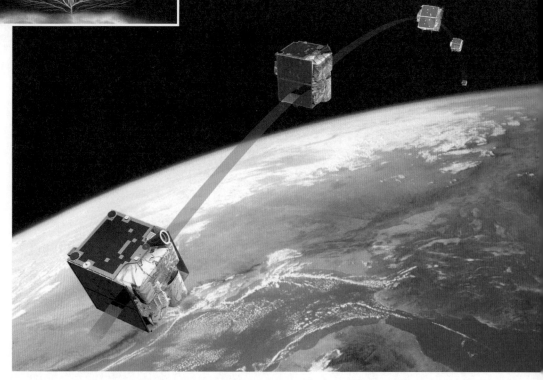

"猎隼"号探测器：
炮击"流氓"小行星

（2003.5.9）

085

　　不论路途多遥远，不管任务多艰巨，只要梦想还有翅膀，就能勇闯天涯。"猎隼"号是世界上第一颗登陆小行星采集样品并成功返回的空间探测器，它出生入死，历经艰难险阻，开辟了小行星探测的历史。

　　998 年 9 月的一天，科学家突然在距离地球 3 亿千米的太空发现一颗小行星。它像一只难看的马铃薯，表面非常粗糙，布满撞击坑和巨石。小行星长约 630 米，宽约 250 米，引力为地球的十万分之一，位于地球和火星之间，与地球十分接近。

　　国际天文联合会将这颗小行星编号为 25143 号，并以日本火箭科学家英朗丝川的名字命名为"丝川"小行星。"丝川"经常在环绕太阳的旅程中穿越地球轨道，与地球存在相撞的危险，因此被称为"流氓"小行星。

　　天文学家猜测这颗"流氓"小行星可能是从某颗行星中分离出来的，如果能得到活生生的小行星岩石样本，其意义堪与"阿波罗"号飞船从月球带回来的岩石相媲美，

↑太空马铃薯——"丝川"小行星。

↑"猎隼"号点燃反推发动机。

说不定还能在小行星的表面发现有机生物。

2002 年，日本科学家研制出"猎隼"号探测器，计划用两年零四个月的时间飞到"丝川"小行星轨道，采集它的岩石样本。

2003 年 5 月 9 日，"猎隼"号从日本九州鹿儿岛航天中心发射升空。2005 年 8 月 28 日，"猎隼"号与"丝川"的距离缩短到 4800 千米，开始慢慢降低高度和姿态，向"丝川"靠拢，并成功地向地球发回一批近距离拍摄的"丝川"小行星图像。

11 月 12 日，"猎隼"号在距离"丝川"表面 55 米处投放了"智慧女神"探测器。"智慧女神"本应登陆小行星后跳跃前进，对"丝川"进行拍照和研究，不知为什么，"智慧女神"迷失在茫茫太空中，未能登陆"丝川"小行星。

11 月 20 日，"猎隼"号探测器执行第二次登陆采样，意义非常重大：第一，人类首次派出机器人登陆小行星，精确度以分米作为计量单位；第二，不是硬着陆，也不是软着陆，而是像蜻蜓点水般着陆，为将来

人类登陆其他星球提供了示范。

看!"猎隼"号下降了，并在距离"丝川"40米处成功地投放了定位器。在距离"丝川"17米处，"猎隼"号开始呈自由落体下降，再下降。最后一秒，"猎隼"号点燃反推发动机……人类第一次如此接近小行星。突然，"猎隼"号撞上"丝川"。天哪，这是怎么回事？

5时46分，日本飞控中心接收到"猎隼"号信号。控制人员立即向它发出上升指令，但没有反应。"猎隼"号与地面失去联系长达3小时，飞控中心一度宣布"猎隼"号处于失联状态，直到9时30分左右才又恢复通信，有惊无险。

"猎隼"号离开"丝川"后，姿态控制系统再出故障，一下上升到约100千米高度，比要求的高度超出许多。地面飞控人员不得不重新调整"猎隼"号的高度，再试一次。

11月26日上午6时左右，"猎隼"号垂直下降，距离小行星1米、0.5米、0.1米……"猎隼"号终于重新登陆"丝川"小行星，并贴近小行星表面，狠狠发射出太空"炮弹"。

"炮弹"击中的岩石碎片飞溅开来，其中有一点点进入采集器，并立即被封存。此次"猎隼"号在小行星上仅仅停留1秒钟，成为空间探测史上最短、最干脆的一次登陆。

2010年6月13日，在太空探险、流浪7年的"猎隼"号重返大气层，降落在澳大利亚。它创造了许多世界航天纪录：最长飞行时间2592天，最长航行距离60亿千米，最长时间动力飞行等。

理查德·布兰森：
太空迷的野心与梦想

（2003.5.20）

> 一个穷光蛋，一个老顽童，一心想冒险。理查德·布兰森不修边幅、桀骜不驯，一不小心成为大富翁，被英国民众评为"最聪明的英国人"。他几乎与英国女王同样知名，而他的"太空船"飞机更有名——它让太空旅行成为可能。

1950 年 7 月 18 日，理查德·布兰森生于伦敦。他自小顽皮，有严重的口吃，学习成绩很差。16 岁那年，妈妈给了布兰森 4 英镑零用钱。他知道同学们没喜欢的杂志看，觉得这是一个商机，便用 4 英镑创办了一本《学生》杂志，结果大获成功。他的校长预言："这小子很聪明，日后不是进监狱，就是成为百万富翁！"

有什么样的梦想，就会成为什么样的人。布兰森于 1970 年成立一个唱片邮购店，之后他注册的"维珍"品牌遍布英国乃至欧洲的大街小巷，并拥有维珍大西洋航空公司等400 多个航空、电信、金融、

↑ 理查德·布兰森。

↑"太空船"号太空飞机机头。

←理查德·布兰森爵士的飞天梦。

能源公司，1999年被英国女王封为爵士。

作为世界上第212位最富有的人，布兰森爵士一生都在狂野、冒险、挑战之间徘徊：乘坐热气球横渡大西洋、太平洋，创造世界纪录；独自驾驶一架"波音–747"飞机，闯入巴格达解救英国人质……为了事业，他一次次将资产打水漂，不惜把性命搭进去。

布兰森是理想主义者，更是太空迷。当其他富豪挖空心思开发新产品时，布兰森的眼睛已瞄向风险更大的太空。

太空旅游就是布兰森的一个狂野想法。有人说他缺心眼：太空里四大皆空，风险极大，没有挣钱的机会；有人说他疯了：一个连初中都读不好的人，搞什么航天！布兰森宣布每个地球人都可以到太空旅游，世界上第一个太空旅游公司——维珍银河航天公司由此成立。2003年5月20日，"太空船–1"号首飞试验成功，太空旅游时代开始了。

"火星快车"号探测器：寻访火星生命

（2003.6.2）

　　探测火星的道路太艰难、太复杂了，时间也太长了。能否加快速度？"火星快车"号探测器利用功能强大的雷达对火星表面进行探测，并绘制出火星地图，寻找到火星有水的证据，从而彻底改变了人类对火星的认识。

　　100多年前，美国天文学家发现火星上有一道道线条，很像人工开凿的运河；还有一片片会随季节改变颜色的地方，一定生长着庄稼、草原和森林——科幻作家因此幻想火星上有火星人。

　　20世纪60年代，美国"海盗"号探测器传回火星光秃秃的照片，才打破了火星上有火星人的说法。之后，其他火星探测器也证明，火星上的水以干冰的形式藏在地下。

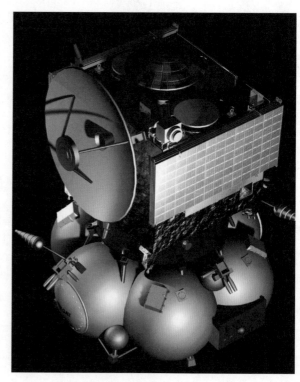

↑ "火星快车"号能在215千米高处，分辨出1米长的物体。

➡ "猎犬 –2"
号打开气囊登
陆火星。

为什么火
星会成为一个
干涸、荒芜、
寂静的星球？这种事情会不会发生在地球上？欧洲空间局为此发射
"火星快车"号探测器，想一探究竟。

"火星快车"号探测器由"火星快车"轨道器和"猎犬 –2"号
登陆器组成，并携带 7 台敏感器、雷达探测器等先进探测设备。前者
的科学任务是研究火星大气成分，绘制火星地表图，分析火星地下物
质，寻找更多证据证实火星曾经河流密布，现在可能仍然有水；后者
的科学任务是登陆火星，利用先进的仪器采集、测量并分析火星的各
种数据，寻找可能的生命痕迹。

2003 年 6 月 2 日，"火星快车"号探测器从哈萨克斯坦的拜科
努尔航天中心发射升空。12 月 25 日，"火星快车"号进入火星轨道，
开始执行神圣的生命探测任务。"火星快车"轨道器和"猎犬 –2"号
登陆器分工明确：前者在火星的上空探测，后者登陆火星探测。想不
到"猎犬 –2"号乘坐安全气囊，轻轻降落到火星表面后，却突然与
地面控制人员失去联系，至今下落不明。

2005 年 2 月 2 日，"火星快车"轨道器拍摄到一幅高清晰度照片：
在位于火星北极广阔的大平原上，有一个直径约 35 千米的陨石坑，
最大深度约 2 千米。陨石坑的边缘留有残余水冰，中心正是梦寐以求
的自然冰块。这些自然冰块证明：火星水不一定都藏在地下，也不一

定以干冰的形式存在，完全能以自然形式存在。

2005年7月，"火星快车"号高清晰度立体照相图片显示，火星南北两极的极冠有一片冰冻海洋，几乎全是水冰。

水是生命之源，火星上是否存在生命，一直是科学家争论的焦点。由于"猎犬-2"号牺牲了，寻找火星生命的任务只有等待未来。欧洲宇航局计划发射"火星漂泊者"号探测车，再去寻找火星生命。

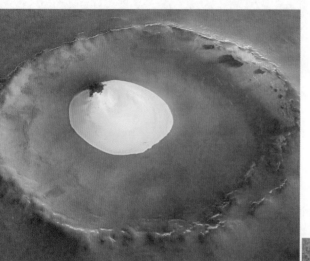

◀ 陨石坑里的自然冰块。

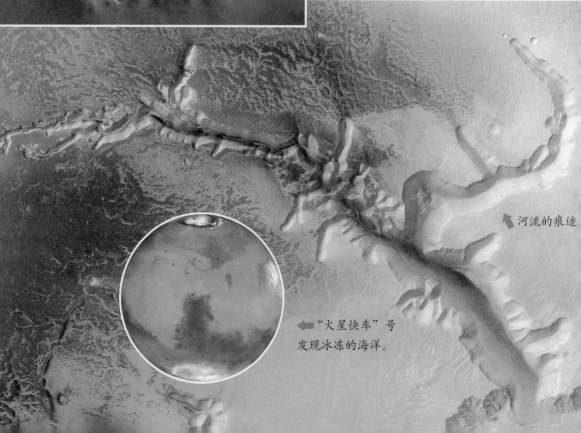

◀ 河流的痕迹

◀ "火星快车"号发现冰冻的海洋。

纳米卫星：
聪明的芯片在飞行

088

（2003.6.30）

纳米卫星采用微电子、微机电一体化技术，由数个微型仪器组成，重量可降到 1 千克。由于研制成本低，它能在流水线上大批制造，又能成批发射，很难攻击。纳米卫星还因此引发一场新的空间技术革命。

1999 年 9 月，美国麻省理工学院教授戴维·米勒给学生播放电影《星球大战》，并问大家："谁知道机器人怎样在太空飞行？"同学们都摇摇头。"谁愿意造太空飞行机器人？愿意的请举手！"所有同学都举起了手。

在美国国防部和美国宇航局支持下，米勒的学生们建造了五颗排球大小的小卫星。这种能自由飞行的小卫星直径 20 厘米，重量只有 3 千克，但具有一定智能。它被命名为"同步位置保持、接合、重新定位试验卫星"，简称"球体"卫星。

↑ 美国纳米卫星。

2006 年 5 月 18 日，第一颗"球体"卫星在国际空间站演示，另外两颗"球体"卫星分别由航天飞机携带升空。"远征 –15"科考队女工程师苏尼塔·威廉姆斯在国际空间站对"球体"卫星进行了一系

↑ "球体"纳米卫星在空间站内编队飞行。

← "球体"卫星在国际空间站飞翔。

列飞行试验后，评价道：它们就好像是宇航员。

喜欢标新立异的美国谷歌公司则提议，给"球体"卫星连接一只智能手机，可以让它更聪明。智能手机除了能打电话，联系地面与太空，摄像头还能拍摄、传输图片和视频，实时传输空间站的数据和任务控制。

这个主意好极了！科技人员便将一只"三星"智能手机进行微小改动，贴在"球体"卫星的表面，链接国际空间站的无线网络，向地球提供数据通道。2011年11月，在国际空间站，"球体"卫星首次成功演示了通话、发短信，并发送航天飞机发射的精彩图像。

"球体"卫星还是个万人迷，它每年都要参加美国中学生编程挑战赛。2013年1月11日，参赛的中学生在电脑上编写程序并发出指令，宇航员则在国际空间站接收和执行指令。根据指令，"球体"卫星完成了清理太空垃圾、卫星对接、穿越和躲避布满太空的碎片等任务。最有气派的，是三颗"球体"卫星在空间站内编队飞行。它太精准了！美国宇航局因此计划，将"球体"纳米卫星送到太空试验。

而纳米卫星的概念，1993年由美国宇航公司首次提出，英国萨里大学则首先提出将小于500千克的统称为小卫星。小卫星按重量细分为：100～500千克称为超小卫星，10～100千克称为微型卫星，1～10千克称为纳米卫星，0.1～1千克的称为皮卫星，小于0.1千克的称为飞卫星。

美国斯坦福大学研制了世界上第一颗只有5千克重的纳米卫星——地震卫星。2003年6月30日，地震卫星从俄罗斯普列谢茨克航天中心发射。

纳米卫星具有成本低、重量轻、体积小、性能高、研制周期短和大批量制造六大特点，并具有大量部署、机动性强、无法攻击三大优势，很快成为军事卫星发展的一个方向。

太空是航天器的舞台，也是展示科技的舞台。美国轨道科学公司2013年下半年发射了一枚"人牛怪-1"号运载火箭，将30颗卫星送入太空。紧接着，俄罗斯发射一枚"第聂伯-1"号运载火箭，将33颗卫星发射升空。在这些卫星中，绝大部分是各国的小卫星、纳米卫星和立方体卫星，一项新的航天纪录大赛即将开始。

↑纳米集成芯片。

杨利伟：
中国飞天第一人

（2003.10.15）

炎黄子孙从万户飞天开始的梦想，终于实现了——杨利伟成为中国飞天第一人。中国成为世界上第三个独立将人类送入太空的国家，太空从此有了中国人的身影和铿锵的汉语。我们相信：中国的太空之路**将越走越宽广**。

2003 年 10 月 15 日 9 时整，中国航天员杨利伟乘坐"神舟 -5"号飞船发射升空。火箭加速，每秒 1 千米、2 千米、3 千米、4 千米……杨利伟感到身体压力渐渐增加。

当火箭发射 120 秒，上升到 30 ～ 40 千米高度时，火箭和飞船开始急剧抖动，产生共振。

⬆ 中国飞天第一人——杨利伟中校。

起飞阶段发生共振并非正常现象，航天员从没进行过这种训练，只有真正进入太空的人才能体会。这种逐渐增加的共振非常可怕，杨利伟说：我感到非常痛苦。

杨利伟可以忍受剧烈的超重，但难以承受共振。在痛苦的极点，杨利伟以为自己要牺牲了。共振持续了 26 秒钟，然后慢慢减轻直至消失，杨利伟感觉到从没有过的轻松和舒服，如同一次重生。

火箭升空 3 分 20 秒，飞船的整流罩打开，外面的光线透过舱窗一

⬆ 杨利伟在太空中展示中国国旗和联合国国旗。

下子照进来。阳光很刺眼，杨利伟的眼睛忍不住眨了一下。这一眨眼，飞控中心有人大声喊道："快看哪，他眨眼了，利伟还活着！"所有人都鼓掌欢呼起来。

9 时 10 分，"神舟–5"号载人飞船进入太空。这是世界上第 236 次载人太空飞行，杨利伟则是世界上第 431 位进入太空的宇航员。

10 月 16 日 4 时 31 分，杨利伟在飞船上接到北京飞控中心的返航命令。飞船返航，是一个天上、地下都特别难熬的时刻。自从人类开展载人航天以来，已有 22 名宇航员献出了宝贵生命，其中 11 人就是在返回着陆过程中牺牲的。

5 时 35 分，"神舟–5"号飞船就像刹车一样开始制动。飞船先在轨道上进行 180° 掉头，让推进舱在前。杨利伟感到飞船持续减速，向地球方向靠近。此时飞船脱离原来轨道，进入无动力飞行状态。

在高 300 ～ 100 千米太空，"神舟–5"号飞船围绕地球飞行，一圈比一圈小，慢慢接近地球。飞船瞄准着陆点，小型发动机不断调整姿态，沿返回轨道向着陆场飞行。6 时 04 分，飞船飞行到距地面 100 千米，逐步进入浓密大气层。

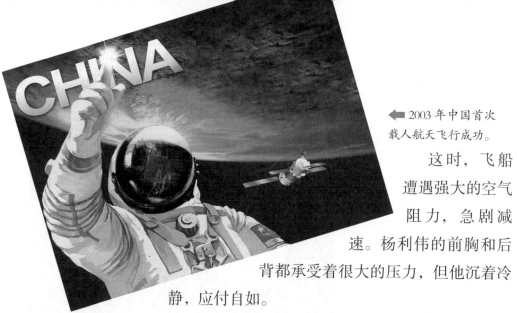

◀ 2003 年中国首次载人航天飞行成功。

这时，飞船遭遇强大的空气阻力，急剧减速。杨利伟的前胸和后背都承受着很大的压力，但他沉着冷静，应付自如。

突然，杨利伟发现飞船右舷窗开始有裂纹，纹路就像强化玻璃被打碎后裂成的小碎块，而且越来越多……杨利伟心生恐惧：航天训练时没有这种状况啊！如果舷窗烧穿破裂，外边可是 1600 ～ 1800℃的火焰和超高温。杨利伟返回后才知道，飞船的舷窗外有一层防烧涂层，玻璃窗不会裂。

10 月 16 日 6 时 28 分，杨利伟在内蒙古中部阿木古朗草原地区着陆。他在太空围绕地球飞行了 21 小时 23 分，绕地球 14 圈，航程 6 万千米。

从太空飞行回来，杨利伟详细描述了共振这个难受的过程。科学家研究认为：飞船的共振主要来自火箭振动，并立即改进了火箭技术，解决了共振现象。"神舟"号飞船后来的飞行，再没出现过共振。

➡ "神舟 -5"号飞船返回舱上有漆黑裂纹的舷窗。

太空反击战：
为了拯救全人类

（2004.6.19）

一颗危险的流氓星，一个神出鬼没的幽灵，潜伏到地球周边，向地球发出最后通牒。小行星撞击地球可能导致地球第六次物种大灭绝，一场星球大战即将开演！

2004 年 6 月 19 日，美国天文学家发现：在围绕太阳运行的众多小行星中，有一颗直径约 400 米、重 8000 万吨的小行星，将于 2029 年 4 月 13 日在距离地球 3.3 万千米上空掠过，可能撞击

⬆神出鬼没的幽灵。

地球；2036 年，它的重返之旅更可能撞击地球。

这颗小行星编号为 99942，以古埃及太阳神的敌人蛇魔的名字命名——阿波菲斯。由于变幻无常，又盲目瞎撞，它又被称为"流氓星"。小行星即将撞击地球的消息震惊了地球人：这不是电影，也不是科幻，更不是杞人忧天，而是预警，是现实！

2008 年，天文学家根据"阿波菲斯"飞行轨迹，描绘了它撞击地球的路线图："阿波菲斯"从俄罗斯南部闯入大气层，穿过北太平洋，

← 太阳能拦截法:"烧死"小行星前进路线。

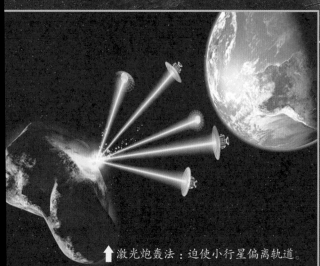

↑ 激光炮轰法:迫使小行星偏离轨道。

↑ 核弹炸毁法:在小行星上打孔深埋核弹。

飞掠靠近美国加利福尼亚和墨西哥的海岸线,然后在尼加拉瓜和哥斯达黎加之间下降,穿越北哥伦比亚和委内瑞拉,在不到非洲的大西洋里坠毁。

计算机仿真出灾难:"阿波菲斯"以 7.5 亿亿吨动能进入大气层,产生大约 100 亿亿吨能量,撞出一个直径 4.3 千米的深坑,哥伦比亚和委内瑞拉等国家会有超 1000 万人伤亡,大西洋或太平洋会产生毁灭性海啸。

地球危机,躲得了初一,躲不过十五,怎么办?一场太空反击战开始了。科学家号召全人类用智慧抗击"流氓星"，并悬赏拯救地球的方案，结果美国行星协会收到来自六大洲20 个国家的 37 种方案。

　　抗击小行星基本有两种方法：一将小行星变轨，二将小行星炸毁。具体地说，有太阳能拦截法、激光炮轰法、核弹炸毁法、空间站法、火箭推离法、飞船撞击法等多种奇思妙想。

　　"流氓星"在一天天逼近，悬赏还在进行……地球和人类能躲过这一劫吗？请说出你的好主意！

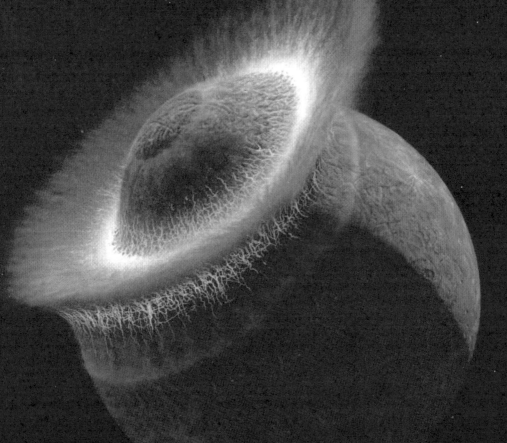

↑地球遭火星大小天体撞击瞬间的艺术家示意图。时为太阳系形成后 3～5 千万年或约 45 亿 2000 万年前，撞击后月球形成。

"信使"号探测器：
给水星体检
（2004.8.3）

由于没有卫星环绕，水星被认为是一颗神秘、古怪又可怜的单身星球。"信使"号探测器研究了水星的前世今生，也解答了人们的诸多疑问和猜测，并证明一个道理——科技就是力量。

水星，一点儿也不像它的名字那么温柔如水。它貌似月球，内部像地球，有一层薄薄的大气层和一点淡淡的磁场。由于距离太阳太近，又没有浓密的大气层，水星表面温度向太阳一面约480℃，背太阳一面最低可到–160℃以下，是太阳系中温差最大的行星。

水星主要由铁质和石质构成，是太阳系中最小但密度较高的行星，被誉为"铁石心肠"。

在太阳系行星中，水星"日"的时间最长，"年"的时间最短。水星自转3圈才能绕太阳2圈，是太阳系的慢转冠军。它又是太阳系中公转速度最快、时间最短的行星，可称为太阳系的快跑冠军。

为了研究这颗最古怪、最疯狂

↑ 1973 年 11 月 3 日，美国发射"水手 –10"号探测器，飞越水星和金星两大行星。

→ "信使"
号探测水星
磁场。

的星球——水星，美国宇航局研制了"信使"号探测器。"信使"号的真名很长——水星表面、空间环境、化学和测距探测器。它的长相和结构也很奇特：天线不是展开式，而是固定式的，背向太阳。这样，会减少因受到太阳辐射干扰通信而与地球控制人员失去联系的可能。"信使"号的各个重要系统都有备份，一旦哪个系统瘫痪了，备份可以接替任务。

2004年8月3日，"信使"号探测器点火升空，开始了6年半、飞行7.84亿千米的漫漫远征。2008年1月14日，"信使"号首次飞越水星，第一次拍到水星全貌，包括水星的背面。它还测绘、测量了水星稀薄的大气层，并对水星周围的离子进行取样。

2008年7月，"信使"号甚至拍到水星北极深邃的陨石坑里存在大量的冰。这个意外发现证实过去水星表面有火山活动，水星的核心属熔岩液体，而且水星有一个全球性磁场。

"信使"号还发现，水星很荒凉，和月球很相似。它的地表除了平原，存在褶皱、断层、高低不平的弹坑等多种地形。特别是水星表面覆盖

着无数弹坑一样的深圆坑，好像在遥远的过去经历过激烈的核战争。

科学家认为水星和月球一样，诞生不久就形成地壳。由于没有大气层阻挡，每当受到陨石的猛烈撞击，水星表面便形成一个个大大小小的陨石坑。

2009年5月，"信使"号探测器在飞经水星上空时，发现一个大陨石坑，直径约750千米。它是怎样产生的？对地球有什么启示？这个水星上最年轻的坑洞，后来以荷兰历史上最伟大的画家伦勃朗的名字命名为"伦勃朗"陨石坑。

↑"信使"号探测水星陨石坑。

2011年3月18日，"信使"号用大约15分钟时间近乎完美地进入水星轨道，然后每12小时环绕水星一圈。它成为第一个进入水星轨道的探测器，拍摄了10万多张照片。"信使"号将执行为期两个地球年的探测任务，更近地探测、观察水星。相信不久的将来，这颗最神秘的行星谜底会被揭开。

"雨燕"号天文卫星：
解答伽马射线暴谜团

（2004.11.20）

　　伽马射线暴来自哪里？它对地球有何影响？研究宇宙爆炸，能加深人类对宇宙起源和星体形成的理解。"雨燕"号天文卫星通过探测伽马射线暴等天文现象，看到一些最古老天体的余晖，由此预测宇宙的过去、现在和未来。

　　一天，银河系的一颗恒星爆炸，发出耀眼的光芒，伽马射线像风暴一样席卷太空。这种伽马射线形成的强烈辐射又称伽马射线暴，它几小时就穿越整个太阳系，恰好击中一颗星球——地球。

　　伽马射线暴袭来，仅仅10秒钟就毁灭了地球上的一切——大部分空气瞬间被吹到太空，

↑伽马射线暴。

海洋中掀起惊涛骇浪，大部分浅海古老海洋生物死亡……这时，一个和太阳一样的大火球——超新星在太空升起，照亮整个地球。大火球停留了几个月，才慢慢消失。

◄ "雨燕"号天文卫星发现黑洞吞噬恒星。

尽管伽马射线暴击中地球的概率很小，大约5亿年一次，却彻底改变了地球上各种物种的命运，并给地球带来灾难：地球进入冰河期，气候变得非常寒冷；浅海的珊瑚虫和浮游生物全都冻死，食物匮乏，食物链断裂，绝大部分古老海洋生物死亡……就这样，第一次生物大灭绝发生了。

沧海桑田，此次伽玛射线暴也给地球带来好处：许多深藏海底的土地、礁石露出海面，形成陆地和山峰；绝处逢生的生物不得不进化，少部分生物不得不从海洋走向陆地；人类的祖先星甲鱼进化为脊椎动物，经过4亿多年的演化，最后进化为人类。

伽马射线暴是宇宙中最具破坏力的天文事件。它来自太空的不同方向，从几毫秒到几百秒闪烁伽马辐射。小型伽马射线暴大约每天发生，虽然时间很短暂却很激烈，一般不会对人类造成危害。

科学家必须使用专门仪器探测伽马射线暴谜团：世界各地地面站和太空望远镜都有机会观察爆炸余晖，并在几秒钟内迅速检测爆裂，其中"雨燕"号天文卫星专门担此重任。

"雨燕"号全名为伽马暴快速反应探测卫星，由美国宇航局建造，是专门研究伽马射线暴的太空天文台。它的主要科学任务就是：确定伽马射线暴来源，分析伽马射线暴，确定冲击波与环境如何演变和互动，利用伽马射线暴研究早期宇宙。

"雨燕"号天文卫星装载了三种太空望远镜——爆发警示望远镜、X射线望远镜和紫外光学望远镜，并于2004年11月20日从美国卡纳维拉尔角空军基地发射升空。

2005年9月4日，"雨燕"号首次观测到一次恒星爆炸的余晖。根据观测数据，科学家计算出此次爆炸发生在距离地球130亿光年的深空。2009年10月，"雨燕"号拍到地球近邻——仙女座里一个巨型旋涡星系迄今最为清晰的图片。2010年5月，"雨燕"号首次抓拍到黑洞吞噬恒星的过程——这是目前宇宙最神秘、最震撼的情景。

"雨燕"号天文卫星最伟大的贡献，是看见一颗超新星诞生。2010年12月25日下午1时38分，"雨燕"号上的爆发警示望远镜发现仙女座中发生一次迅猛的伽马射线暴，时间非常长，至少持续28分钟。由于发生在圣诞节，此次伽马射线暴又称"圣诞爆裂"。

圣诞爆裂是独特的宇宙爆炸，以完全不同的方式诞生一颗超新星。这种新型的超新星位于数十亿光年外，很接近太阳系。此次伽马射线暴也是宇宙中最明亮的爆炸，在几秒钟内发射超多能量，比太阳整个生命的能量都大。

伽马射线暴将改变宇宙。地球已经数次改变面貌，致命的伽马射线暴正向地球袭来，人类做好准备了吗？

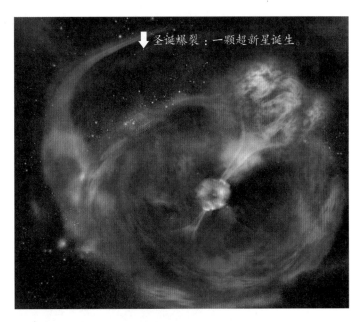

圣诞爆裂：一颗超新星诞生。

"炮轰"彗星：
无比壮观的人造天象

（2005.1.12）

093

彗星是太阳系中最古老的原始天体，它的彗核中含有太阳系初生时遗留的物质。"炮轰"彗星的目的，是在彗星上撞出凹坑，从溅出的冰、尘埃和气体中发现太阳系诞生和生命起源的秘密。这是一次无比壮观的人造天象。

彗星是脏雪球，没有固定的体积，像大扫把。从结构上，彗星分为彗头和彗尾，其中彗头外层是彗发，中间是彗核。根据距离太阳的远近、温度和照射，彗星会变化：远离太阳时，温度变低，体积变小；接近太阳时，温度升高，水分蒸发形成水蒸气，彗发变大，彗尾变长，体积变得十分巨大。

1867 年 4 月 3 日，德国天文学家威廉·坦普尔在法国南部海滨城市马赛观察夜空，发现一颗遥远的亮点。那是一颗从未见过的行星吗？怎么有一个尾巴？其实，威廉·坦普尔发现的是一颗彗星，后命名为"坦普尔 –1"号。

↑ 威廉·坦普尔的最大贡献，是发现 21 颗彗星和流星雨。

1972 年 1 月 11 日，天文学家罗默和沃恩又看见久违的"坦普尔 –1"号彗星，并计算出它的轨道周期为 5.5 年。也就是"坦普尔 –1"号彗星每隔 5.5 年出现一次，宽大的彗尾横扫太阳系。

⬆ 开火！"炮弹"出膛了。

天文学家预测：2005 年 7 月，"坦普尔 –1"号彗星将路过地球。这是探测彗星的大好机会。1999 年 11 月 1 日，美国宇航局开始实施史无前例的"炮轰"彗星计划。科学家以电影《彗星撞地球》的英文名字，将一个探测器命名为"深度撞击"号。

2005 年 1 月 12 日，"深度撞击"号探测器发射，飞向"坦普尔 –1"号彗星。科学家设想通过撞击"坦普尔 –1"号彗星的彗核，使其内部物质暴露出来，以供考察、研究。

2005 年 7 月 4 日，"深度撞击"号走过 4.31 亿千米的漫长太空之旅，终于迎来"坦普尔 –1"号。只见"坦普尔 –1"号拖着长长的彗尾，姗姗来迟，一副满不在乎的样子。

"深度撞击"号按照预先制订的攻击方案，潜伏在彗星的必经之地：近点，再近点；瞄准，瞄准彗星的要害。"深度撞击"号突然发起袭击，撞击器与飞越探测器分离，加速向彗核飞去。快接近目标了，雾气越来越大，有些看不清。突然，前方出现越来越浓的雪片。撞击器，瞄准目标！

也许是因为太性急了，撞击器提前两分钟撞上彗星。在撞向彗核的前两秒，撞击器利用照相机连续拍摄有史以来最清晰的彗核照

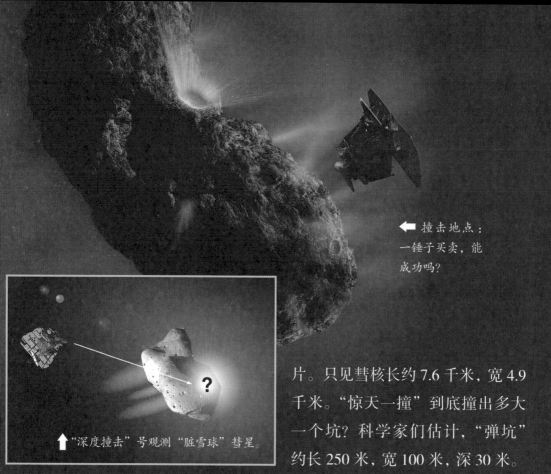

撞击地点：
一锤子买卖，能
成功吗？

↑ "深度撞击"号观测"脏雪球"彗星。

片。只见彗核长约 7.6 千米，宽 4.9 千米。"惊天一撞"到底撞出多大一个坑？科学家们估计，"弹坑"约长 250 米，宽 100 米，深 30 米。

撞击造成彗核表面的冰雪、尘埃等溅起，好比在太空中放出大"焰火"。整个撞击仅 3.7 秒，却在太空中腾起烟雾状的东西，弥漫到四周。

天文学家惊讶地发现，小小的"坦普尔 –1"号彗星，其地貌竟然也颇为丰富：彗核既有非常平坦的区域，也有一些小型天体撞击而成的伤痕和凹坑。通过光谱分析，发现"坦普尔 –1"号彗核喷发物中含碳有机分子含量急剧增加，这表明彗星内部含有大量有机分子，而有机分子是生命的起源。

还有一个坏消息："深度撞击"后，浮尘没有散开，飞越"弹坑"时探测器看不清拍摄位置。以后哪怕再发射探测器近距离拍摄"坦普尔 –1"号，也不太可能看清楚这个"弹坑"，因为彗星是一个善变脸的家伙，它的活动让表面总处于不断的变化中。等到下一个回归周期，天文学家也许就认不出它了。

沙里波夫：
最勇敢的宇航员

（2005.4.25）

094

一个顽皮的小男孩，一心想成为铮铮铁骨的男子汉。成绩不好有什么关系？只要有雄心，一切皆可以改变！看，沙里波夫从一位差生成长为著名宇航员，不但为航天事业做出巨大贡献，也让更多的人迷上了太空。

1981年，沙里波夫高中毕业后，报考苏联奥伦堡航空学校，因分数不够没能通过入学考试。第二年，沙里波夫报名参军，在滨海边疆区航空兵团技术部服役，并发奋努力考上军校。1987年，沙里波夫从苏联科哈科夫空军飞行学院毕业，飞行时间超950小时。

1990年，由于勤奋学习和成绩突出，沙里波夫被俄罗斯宇航局一眼相中，成为宇航员候选人，到加加林宇航员训练中心训练。1992年，他完成空间训练，成为吉尔吉斯斯坦共和国第一位宇航员。

TIPS

沙里波夫（1964－），俄罗斯太空英雄。出生于吉尔吉斯斯坦，是穆斯林。

1998年1月23日，沙里波夫乘坐"奋进"号航天飞机6号座位升空。他要当太空导游，带领7名美国宇航员到苏联"和平"号空间站。这是第一次，也是唯一一次航天飞机与"和平"号空间站对接，沙里波夫成为全世界穆斯林的英雄。

2004年10月14日，沙里波夫以飞船指挥官、飞行工程师的身份，搭乘"联盟"号飞船到达国际空间站，进行第二次太空飞行。同行的还有华裔美籍宇航员焦立中和美国宇航员罗伯托·维托里。

2005年1月26日，沙里波夫背上飞行器进行太空行走。这是他的第一次太空行走，而焦立中已经是第五次太空行走了。他们的任务是安装指令舱工作平台、欧洲的实验仪器、日本空间暴露试验包、俄罗斯生物学实验室。

太空行走最基本的原则就是，宇航员不能离开航天器，最好一只手不能离开航天器太远。由于几台实验仪器都要安装在空间站最远端的横梁间，沙里波夫只得像猴子一样在各横梁间穿梭、跳跃、飘荡。为了表现自己没有危险和勇敢无畏，沙里波夫特意在太空翻跟头：前空翻、后空翻和侧翻。沙里波夫创造了许多惊险画面，让全世界看得目瞪口

⬆ 惊险一刻：沙里波夫在翻跟头。

呆。他因此被称为最勇敢的宇航员，全世界穆斯林们则认为这是真主的力量。

2005年3月28日，沙里波夫和焦立中又爬出空间站安装三根通信天线。突然，一根天线悄悄溜走了。沙里波夫眼疾手快，一把抓住，可能是用力太大，连人带天线一起飞向地球。

尽管天线和人都很轻，但仍按照初始速度的惯性飞行，会渐渐飘远。沙里波夫忙一把抓住空间站的一根横梁。当他喘口气看看脚下，发现自己正飞经祖国吉尔吉斯斯坦上空。

↑至今全球已有9位穆斯林宇航员进入太空。

这次，沙里波夫太空行走4小时30分。在回到空间站之前，沙里波夫将一颗不到10千克重的俄罗斯纳米科学卫星捏在手里，然后把它像扔保龄球一样用力抛出，并祝福它：你一会儿被激活，就有了生命，快乐地飞吧！

2005年4月25日，沙里波夫胜利返航。此次飞行历时192天19小时1分59秒，围绕地球运行3032圈。沙里波夫两次升空，一次到"和平"号空间站，一次到国际空间站，飞行时间共201天14小时48分53秒；两次太空行走，历时9小时58分。

"垫脚石"试验卫星：
提示地球生命之谜

（2005.5.31）

　　地球生命来自哪里？是海洋中的有机生命体演变而来。那海洋中的有机生命体来自哪里？科研人员研究陨石中有机分子的变化，判断陨石是否存在生命，从而揭开地球生命起源的谜题，并为寻找其他星球现在或过去是否存在生命提供了科学依据。

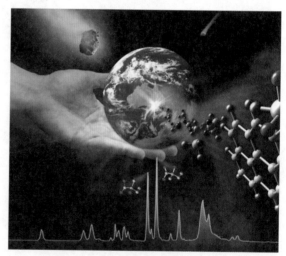

🔺 地球生命可能来自太空。

　　陨石、彗星和小行星含有太阳系中一些最古老和最原始的材料，被誉为"太空标本"。科学家通过分析陨石的化学成分和物理特点，可以破解宇宙和太阳系的诞生、演化和许多科学谜题。

　　早在 1961 年，"东方"号飞船载着世界第一位宇航员、苏联空军少校加加林，打开了人类通往太空之路。"东方"号飞船共发射 6 次，后因为座舱容积小，只能容纳一名宇航员，1963 年被"上升"号飞船替代。1985 年，"东

方"号飞船经过改装,摇身一变成为试验卫星,苏联人称它为"垫脚石"试验卫星。

"垫脚石"试验卫星实际上是一艘无人飞船,重 6.4 吨,中间的咖啡色球体是返回舱。它不但能比一般试验卫星装载更多的科研仪器,而且能返回地面,带回各种试验结果。从"垫脚石 –1"号到"垫脚石 –12"号,它们为苏联的航天科学试验做出巨大贡献,其中的"垫脚石 –8"号在 1992 年进行的蛋白质结晶试验曾经震撼世界。

2005 年 5 月 31 日,俄罗斯和欧洲空间局的"垫脚石 –14"号从拜科努尔航天中心发射,它的科学任务是试验流体物理学、生物学、材料科学、辐射剂量和宇宙生物学,包括一个著名的测试,就是苔藓在太空恶劣条件下生存的能力。14 天后,返回舱回到地面,苔藓在太空依然存活,非常成功。

最有意义的,便是"垫脚石 –14"号的"生命签名"试验:它携带一块来自苏格兰、由湖底沉积物形成的拳头大小的岩石和一块澳

▲ "垫脚石-14"试验卫星里的试验仪器。

▲ 岩石放在飞船返回舱的外面。

大利亚沉积岩,这是卫星要执行的 39 个太空使命之一。科学家将这两块带有生命特征的岩石放在飞船返回舱的外面,仿真陨石冲入大气层的过程。

当卫星以每秒 8 千米的速度返回地球时,岩石中的有机分子经受了烈焰的考验。试验证明:经过 1700℃ 以上的高温,两块岩石的大部分已经烧焦熔化。熔化后的表面呈奶油色,像玻璃一样闪闪发光。

最后,在原子水平下进行分析,科学家惊奇地发现:澳大利亚沉积岩中所含 35 亿年前的生物体化石幸存下来,苏格兰拳头大小的岩石中,仍可以检测到生命体的化学痕迹,它们都还活着。试验证明:地球生命可能来自太空。

张福林：
最了不起的宇航员
（2005.7.8）

　　谁的太空飞行次数最多？美国宇航员张福林和杰瑞·罗斯。他俩7次搭乘美国航天飞机进入太空，其中张福林太空飞行了66天18小时16分，罗斯太空飞行了58天0小时52分。按航天纪录和成就，张福林排名第一，也最了不起！

　　张福林是美籍华人，英文名为富兰克林·罗蒙·张。他祖籍广东，有四分之一中国血统。

　　1977年，张福林从麻省理工学院硕、博连读毕业，获等离子体物理学博士。1980年，张福林作为机械工程师、物理学家，被选为美国宇航局宇航员。为建设国际空间站，他执行了7次航天飞机飞行任务，进行了3次太空行走，创造了许多航天纪录，被称为最了不起的宇航员。

↑ 张福林（1950–），飞行次数最多的宇航员。生于哥斯达黎加，爷爷为逃离战乱，从中国到南美当石油工人。

　　宇航员漂亮的宇航服上，一般有四至五枚徽章，分别为各自国家的国旗、宇航局徽章、所乘坐的航天器徽章、本次任务徽章、"远征"

人类航天是一项梦想与理想的事业，各国都为宇航局、宇航员、航天器和每次航天飞行任务设计了各种不同的漂亮徽章。图为张福林荣获的徽章。

考察队徽章和个人徽章，其中任务徽章是光荣与冒险的象征。

1959 年，美国宇航局设立了美国宇航局奖章，包括各种等级和最有声望的荣誉奖项。这些奖章是荣誉和贡献的象征，也是凝聚力和创造力的象征。美国宇航局奖章包括：杰出公共服务奖章、优异服务奖章、特殊成就奖章、特殊英勇奖章、太空飞行奖章、杰出科学成就奖章等 18 种奖章，但每一枚奖章都是用智慧、勤奋和勇敢换来的。

谁获得美国宇航局太空飞行奖章最多？美籍华人宇航员张福林 7 次升空，仅太空飞行奖章就荣获 7 枚，与另一名宇航员并列第一。

张福林还是唯一登上"和平"号空间站和国际空间站的美国宇航员。2002 年 6 月 9 日，张福林从国际空间站出舱 7 小时 14 分，站在有 10 个自由度的智能大臂上安装国际空间站桁架。张福林的许多惊险照片、影像广为流传，被称为"融化在太空里的人"。

目前，曾经进入太空的美籍华裔宇航员一共有 4 位：王赣骏、张福林、焦立中、卢杰。张福林是第二个进入太空的华裔宇航员，有7 次太空飞行纪录，共计 66 天 18 小时 16 分；3 次太空行走，共计19 小时 31 分。

　　张福林是宇航员，更是科学家。1997 年，他提出等离子火箭发动机的概念。2005 年，张福林退役后成立阿斯特拉火箭公司，任总裁兼首席执行官，专门研究等离子火箭发动机。

　　等离子火箭发动机是目前世界上最强大的火箭发动机，可以将飞船送往火星或更远的星球。第一台新式等离子发动机已于 2013 年发射，送到国际空间站试用。

等离子飞船。

张福林太空行走——惊险。

"火星侦察兵"号探测器：
寻找火星水

（2005.8.12）

为什么火星探测器都在苦苦寻找一样东西——水？火星上存在过水，为什么现在看不到？它到哪里去了？"火星侦察兵"号探测器寻找火星水，对人类探测火星、对火星是否存在过生命都具有重大意义。

火星水的意义重大。生命由核酸、蛋白质和水等物质组成，如果在火星上发现水，火星就可能存在过生命；如果火星上存在过生命，火星原来就可能是一颗绿色星球；如果火星是一颗绿色星球，它为什么会变成现在这样一个荒凉、寒冷的世界？人类

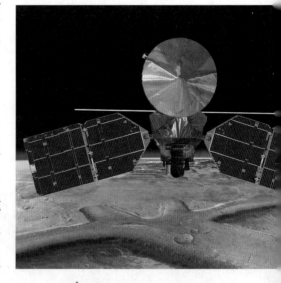

↑"火星侦察兵"号探测器。

还有一个梦想：如果火星上有水，火星将来可能是地球人的第二家园。

为此，美国宇航局利用最先进的侦察卫星技术，建造了一颗火星探测器——"火星侦察兵"。它装载了高分辨率成像仪、背景摄影机、彩色成像仪、影像频谱仪、气候探测器、浅地层雷达、重力场探测仪、大气层结构探测仪等新科技设备，其科学任务是以极高的分辨率，对

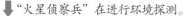

➡ "火星侦察兵"在进行地质探测。

⬇ "火星侦察兵"在进行环境探测。

这颗红色行星进行详细考察，分析火星的地貌、地层、矿物，寻找两极的冰和地下水，监测火星的天气、气候、环境和地质，为未来的"好奇"号火星车寻找着陆地点。

2005 年 8 月 12 日，"火星侦察兵"发射升空。2006 年 3 月 10 日，经过 7 个月飞行、3 次轨道修正，"火星侦察兵"终于到达火星上空。通过采集火星表面的精确图像，"火星侦察兵"为这颗红色行星绘制了一幅详尽的数字地图。

"火星侦察兵"在火星上飞得很低，只有 255～320 千米，可近距离观察火星。它的探测仪器能探测出火星地下 1000 米深处是否有水，雷达仪器能探测地下岩层和地下水，望远摄像机可判断 0.3 米左右的物体，彩色相机会监测火星每天的气象变化，辐射计能检测大气层每一层的温度、水汽和尘埃的变化。2008 年 3 月 3 日，"火星侦察兵"拍下第一幅火星北极附近的雪崩图像。

"火星侦察兵"还是摄影高手：它使用高清晰度照相机，拍下几万张照片。这些照片从不同角度揭示了火星的秘密，让人浮想联翩：

维多利亚陨石坑内的"波纹"，是水留下的吗？一只巨大的漂亮蓝眼睛，是怎样形成的？它也是陨石坑吗？而梦幻树，就像地球北极附近的树木……

2008年6月，"火星侦察兵"在火星上拍到干裂的土地和突起的岩石。这片干裂的土地似乎是湖泊、河流留下的痕迹，突起的岩石应该来自太空的陨石。那么，水到哪里了？

↑"火星侦察兵"在进行水源探测。

↑"火星侦察兵"在火星南极进行冰层探测。

2011年7月，"火星侦察兵"在火星南极附近拍到覆盖的干冰。这种冰并不稳定：温暖的夏季来临，会解冻转化成气体；由于尘埃混合成冰，周边有一圈金色花边；中间的圆坑大约有60米宽，几米高。这些都是红色星球上流动水的证据。

2012年3月14日，"火星侦察兵"在火星北部的亚马孙平原地区拍到火星沙尘暴：蜿蜒的沙尘暴旋转上升，大约高20千米。天气晴朗时，沙尘暴经常发生在地球和火星上。当地面被太阳加热，暖空气迅速上升，灰尘拉离地面，如果条件合适，空气开始旋转，便形成旋转沙尘暴。

怎么样，"火星侦察兵"聪明吗？

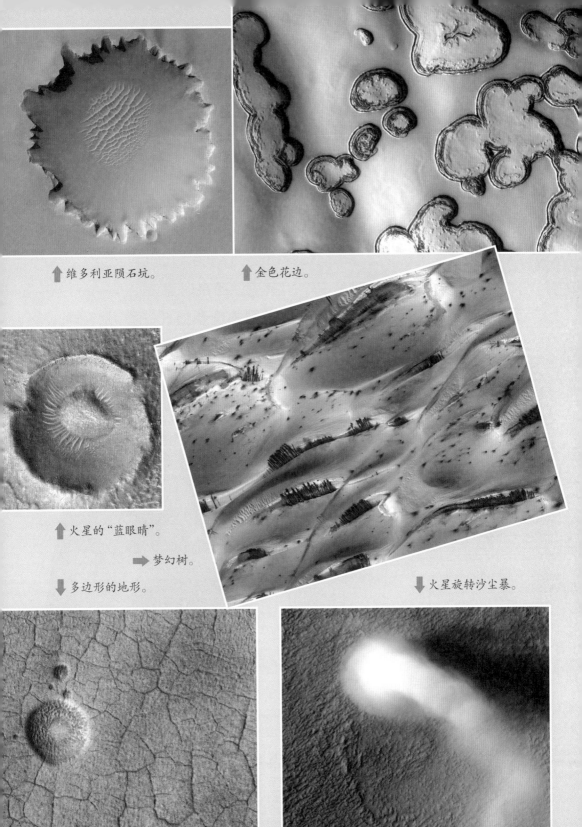

↑ 维多利亚陨石坑。　　↑ 金色花边。

↑ 火星的"蓝眼睛"。

➡ 梦幻树。

↓ 多边形的地形。　　　　　　　　　↓ 火星旋转沙尘暴。

克里卡列夫：
太空快车手
（2005.10.11）

　　一名宇航员上天时是一个国家人，回来时竟是另一个国家人，奇怪吧！克里卡列夫曾参加 6 次太空飞行，2 次到"和平"号空间站，2 次搭乘美国航天飞机，2 次进入国际空间站。他被称为太空快车手，至今保持着人类太空飞行时间的最长纪录。

　　克里卡列夫大学毕业后，参加苏联国家特技飞行队，以高超的飞行技术与大胆的飞行艺术，赢得一系列桂冠：1983 年莫斯科冠军、1986 年苏联冠军、1996 年欧洲冠军和 1997 年世界团体赛冠军。

　　1985 年，克里卡列夫被选为宇航员，分配到"暴风雪"号航天飞机机组。1988 年 11 月 26 日，刚满 30 岁的克里卡列夫搭乘"联盟

↑克里卡列夫（1958—），生于现在的俄罗斯圣彼得堡。

TM-7"号飞船从拜科努尔航天中心首次升空。1991 年 5 月 18 日，他又搭乘"联盟 TM-12"号飞船第二次升空，在太空和"和平"号

空间站度过 311 天 20 小时 0 分 54 秒。这是一次不同凡响、空前绝后的飞行。

苏联解体时，克里卡列夫正在"和平"号空间站上执行任务。1992 年 3 月 25 日，当克里卡列夫佩戴着印有苏联标志"CCCP"的宇航帽和宇航服钻出返回舱时，他已经从苏联宇航员变成俄罗斯宇航员。天上人间，人们送给他"最后一位苏联公民"的外号。有记者问：你是回苏联的家，还是回俄罗斯的家？克里卡列夫回答：我回我祖国的家。

1994 年 2 月 3 日，美国"发现"号航天飞机从肯尼迪航天中心升空，克里卡列夫成为第一位乘坐美国航天飞机升空的俄罗斯宇航员。

1998 年 12 月 4 日，克里卡列夫乘坐"奋进"号航天飞机升空。他在航天飞机上做了许多重要的科学实验，为国际空间站安装"曙光"号试验舱，测试俄罗斯新型宇航服，顺便发射了两颗卫星。

2000 年 10 月 31 日，克里卡列夫从拜科努尔航天中心搭乘"联盟 TM-31"号飞船，率领国际空间站第一支"远征 -1"科考队，打开了国际空间站的第一扇舱门，踏上了第一个脚印，按

➡ 国际空间站比"和平"号空间站宽敞多了，科研设备也高级多了。

⬆ 他一天到晚忙些啥呢？

⬆ 这又是干吗？施放一颗卫星吗？

亮了第一盏电灯，发出了第一个声音——国际空间站从此有了生命。

2005 年 4 月 15 日，克里卡列夫搭乘俄罗斯新型载人飞船"联盟 TMA-6"号，以"远征 -11"科考队指挥官的名义，再次入住国际空间站。在几乎半年时间内，他做了许多秘密试验。2005 年 10 月 11 日，克里卡列夫带着胜利的微笑回到俄罗斯。此次他在天上飞行了 179 天 0 小时 23 分 23 秒，围绕地球 2818 圈。

克里卡列夫 6 次远征太空，共在太空度过 803 天 9 小时 42 分，超越了同事阿夫德耶夫 747.59 天的世界航天纪录，创造了人类太空飞行时间的最长纪录，至今无人超越。太空行走是宇航员的工作，也是勇敢的象征。克里卡列夫在 6 次飞行中，曾 8 次太空行走，共计 41 小时 26 分，为各种太空试验做出了重大贡献。

"金星快车"号探测器：描绘地狱般行星

099

（2005.11.9）

　　金星，如耀眼的钻石镶嵌在天空，古希腊人视之为爱与美的化身——阿芙罗狄蒂女神，罗马人称它为美神——维纳斯。金星一直掩盖着"庐山真面目"，散发出古怪脾气，而"金星快车"号探测器为这颗地狱般行星描绘了写真集。

　　金星是太阳系中第六大行星，距离太阳第二近。它的自转方向与公转方向相反，为空间探测增加了难度。虽然金星与地球的许多物理参数相似，都有充足的二氧化碳，但金星无水，也不可能有生命，表面只是一片焦土，并充满令人窒息的毒气。这里猛烈的闪电可持续

↑金星南极的两个大气涡。

15分钟，暴雨流淌的都是硫酸，腐蚀高山和岩石。一个巨大的峡谷宽200多千米，长达1000千米，深约6千米……真是一颗地狱般行星！

　　"金星快车"号是欧洲空间局发射的第一个金星探测器。这个法国美女通身金黄，一根朝上的金黄色辫子天线，左右两个蓝白相间的太阳能帆板，前面一个银白色撞击器。

2005 年 11 月 9 日,"金星快车"号探测器搭乘"联盟"号运载火箭,从俄罗斯拜科努尔航天中心发射升空。欧空局给它的任务期限共 7 年 4 个月 18 天,其中 153 天在途中,1000 天围绕金星轨道运行,24 小时环绕金星一圈。

2006 年 4 月 11 日,"金星快车"号飞行 1.5 亿千米,到达金星轨道附近,然后守株待兔般静静地等待。当金星飞驰而过时,"金星快车"号离子发动机点火,瞄准目标加速飞行,然后顺利地进入金星轨道,沿着金星的南北极方向飞行。

"金星快车"号发回的首批金星图像让人们大开眼界:科学家原以为金星是神秘的行星、坚不可摧的世界,现在有了很多新解读。

"金星快车"号证实了以下存在:金星过去的海洋,金星发生的惊恐闪电,在金星的南极存在两个巨大的气涡。金星表面的浓密大气,绝大部分是二氧化碳,剧烈的温室效应使金星表面温度高达 480℃左右。当然,水是没有的——这么高的温度,冰都瞬间蒸发了。

2010 年 8 月,"金星快车"号以独特的视角,发现在遭受太阳风吹拂时，金星上空的电离层轻盈地向后飘起来。这种奇异景象让科学家着了迷。

2012年12月3日，经过"金星快车"号的6年观测，科学家发现金星大气层的二氧化硫含量变化很大：刚开始，金星上层大气中二氧化硫的平均密度显著增加，随后急剧下降；现在，二氧化硫的平均密度大约只有以前的十分之一。

金星上有数百座活火山。"金星快车"号在火山顶部发现了红外辐射、熔岩流和岩浆，表明火山最近还在爆发和活动。由此可见，尽管金星是有毒的星球，但还有地质活动，它还活着。

金星是太阳系中最类似地球的行星：早期的金星与地球的大小和化学成分比较类似，后来才变成完全不一样的星球——地球演化成一颗生气勃勃的蓝色星球，金星变成一颗死亡的恐怖星球。为什么会发生如此悬殊的变化？欧洲空间局希望"金星快车"号深入了解金星大气层的结构和变化，这将有助于研究地球上的气候变化，防止地球变成金星这样的星球。

"金星快车"号的终极任务是——撞击金星。当燃料用完，"金星快车"号就发射撞击探测器。撞击器撞向金星的瞬间，"金星快车"号立即拍照搜集信息发回地球。欧空局计划在2014年12月让"金星快车"号进行这次惊心动魄的撞击。这是一场精确的试验，也是一场完美的演出。由于"金星快车"号的身姿太优美了，科学家真舍不得让它自杀。

➡ "金星快车"号的优美身姿。

太空酒店即将开张：
最刺激的高科技旅游
（2006.7.12）

100

太空旅游是最刺激、最奢侈的高科技旅游。现在，它是大富翁的游戏，相信不久的将来，太空旅游也会像一般假日旅游一样平常。太空旅游对人类航天、人类移民太空，都具有重大和深远的意义。

"谁想住太空酒店？请买太空旅游机票！'银河套房'太空酒店超七星级，90 分钟环游地球一周，一天内观赏 16 次日出，是最刺激的旅游！"

从 2008 年开始，位于西班牙巴塞罗那的太空航天票预售中心，每天都要接待来自全世界的预订，这是真的吗？

↑ 太空酒店像一串葡萄。

2006 年 7 月 12 日，怪人克拉拉蒙特提出一个怪想法——在太空建一座酒店。2007 年银河套房有限公司成立，总部设在西班牙的巴塞罗那，创始人便是克拉拉蒙特，被西班牙媒体称为老顽童。这位航天工程师成天奇思怪想，经常设计出令人惊讶的作品。

　　任何人只要愿意支付 400 万美元太空旅游票，就可前往距离地球 450 千米的"银河套房"太空酒店生活 4～6 天。让科幻小说成为真实的旅程，这对于富翁、富婆们来说太刺激了！据说已有 4 万人预订，"银河套房"的老板笑了。

　　"银河套房"太空酒店采取仿生学设计，太空酒店的每个"房间"都像一颗葡萄。当"房间"连接在一起，形状像一串葡萄。这是为了能将每个"房间"放进太空飞机里，发射上太空，再在太空中组装成酒店。太空酒店就像一串葡萄悬挂在太空里，最多可附着 22 间舱房，等待游客前来"品尝"。

　　根据游客需求，太空酒店的舷窗设计为旋转打开或关闭。如果

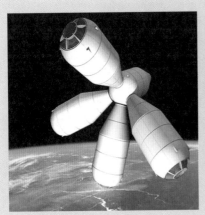

▲ 太空酒店的"房间"。

▲ 太空飞机始终和太空酒店连接在一起。

把舷窗开大一点，可以从太空俯瞰整个地球，让地球在眼前旋转、飞驰；还可以倒立着看地球，而且很轻松……

　　太空中无依无靠，上不着天下不着地，为了防止人们对太空产生恐惧心理，在太空旅行期间，太空飞机会始终和太空酒店连接在一起，让游客相信自己能有去有回。

⬇ 泡泡浴
与太空自
行车。

⬆ 太空游客可以躺在房间内
看太空美景。

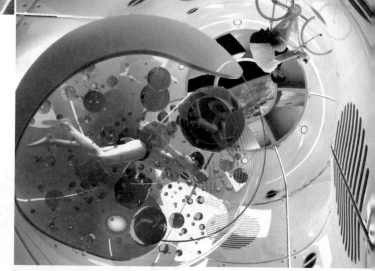

　　原先，不少航天专家对"银河套房"太空酒店的可行性存有疑虑，但对整个太空开发和旅游项目还是抱乐观态度。现在，世界首家太空酒店——"银河套房"太空酒店即将开张，真是心有多大，梦想就有多大！

　　太空游客可以躺在房间里看星星、看月亮、看太阳、看自己的老家——地球。它们都尽在咫尺，似乎伸手可得，偶尔也有一两颗流星拖着长长的尾巴飞过。好奇的游客如果注意看，还可以发现几颗卫星从眼前悄悄溜走。它们是运行在这个高度的低轨道卫星，可能是导航卫星，也可能是地球观测卫星。

　　如果看见几个傻大个儿，有很大的天线或大镜头，那肯定是电子侦察卫星或照相侦察卫星。幸运的话，还能看见"哈勃"太空望远镜和国际空间站。大家运行在同一条航线上，千万不要相撞哦！

佩吉·惠特森：
首位国际空间站女站长

（2007.10.10）

国际空间站是世界上最先进、最精密、最昂贵的航天器，历来国际空间站站长都由经验丰富、智勇双全的男宇航员担当。佩吉·惠特森成为首位国际空间站女站长，让国际空间站从此更具挑战、更智慧也更美丽！

美国宇航局最喜欢富有专长的科学家成为宇航员。1996年4月，惠特森博士成为宇航员候选人，参加国际空间站"远征－5"科考队。2002年6月5日，惠特森乘坐"奋进"号航天飞机升空，成为当时第一个登上国际空间站的科学官员，被称为"星际迷航科学官"。

↑ 生物化学专家惠特森培养的太空植物。

6月7日"奋进"号与国际空间站对接时，惠特森太空行走4小时25分，并安装空间站智能机械臂、"星辰"号服务舱，试验微重量科学等。2002年12月7日，惠特森安全返回地面。

◀佩吉·惠特森
（1960- ），来自美
国艾奥瓦一农村
小镇，1985 年获
化学博士学位。

  2007 年 10 月 10 日，惠特森亲率"远征-16"科考队，乘坐俄罗斯"联盟"号飞船，奔赴国际空间站。10 月 12 日，惠特森进入国际空间站，成为首位女站长，人称"太空公主"。

  10 月 23 日，"发现"号航天飞机起航，第一位担任航天飞机女机长的梅尔罗伊开始自己的第三次太空飞行，宇航员们称她为"康乃

"馨"机长。

10月25日,梅尔罗伊驾驶"发现"号航天飞机停靠国际空间站。当舱门打开,国际空间站首位女站长惠特森伸手紧紧握住梅尔罗伊的手,这是一次历史性的握手。在距离地球320千米的太空,国际空间站和航天飞机第一次在同一时间由两名女指挥官指挥,真是创造太空纪录的好日子。

惠特森两次飞往国际空间站,共计376天17小时,创造了女子太空飞行时间世界纪录;惠特森的6次太空行走,总时间为39小时46分,又赢得女子太空行走冠军;惠特森第二次升空,还创下女子一次升空5次太空行走的世界新纪录。

当记者问她:博士,您是怎么从科学家成为女子太空行走冠军的?惠特森指着一个化学分子模型说:太空比化学分子更复杂,我喜欢挑战!

历史性的握手。

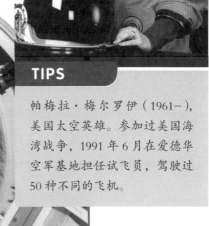

TIPS

帕梅拉·梅尔罗伊(1961-),美国太空英雄。参加过美国海湾战争,1991年6月在爱德华空军基地担任试飞员,驾驶过50种不同的飞机。

艾龙·马斯科：
开辟太空新航线

（2008.9.28）

　　一枚私人火箭，一艘私人飞船，一个令人激奋的梦想。穷小子马斯科靠个人奋斗，30 岁成为美国亿万富翁。虽然他不是美国最有钱的人，却是美国最富有理想和冒险精神的人：2001 年，马斯科别出心裁地要开辟一条便宜的太空航线，从而开创了私人航天的先例。

　　马斯科是南非移民，1992 年考入美国宾夕法尼亚大学物理专业，获物理学学士学位；在沃顿商学院，他又获经济学学士学位。毕业后，马斯科开始考虑自己的未来：一个是互联网，一个是清洁能源，一个是太空，走哪条路好呢？

　　马斯科放弃在美国斯坦福大学继读攻读学位，与弟弟开办了一家软件公司，开发一个压缩软件，为新闻机构提供网上发布。1999 年 9 月，美国康柏公司收购该软件，支付兄弟俩 3.07 亿美元现金和 3.4 亿美元的股票。

TIPS

艾龙·马斯科（1971–），高中毕业后移民，读大学时打工挣钱，饱尝人间辛酸。

➡ "猎鹰–1"
号发射升空。

当校友还欠着一屁股学生贷款时，马斯科已成立第二家公司，创建了全球最大的网上付费系统，又名支付宝，被誉为最成功的网上付费方式。2002年10月，美国易趣公司以15亿美元收购支付宝，马斯科成为易趣公司的最大股东，身价为2.34亿美元。

经历过贫穷的马斯科，最知道钱该怎么挣、怎么花。他知道世界上最贵的商品是火箭、卫星和飞船，虽然研发火箭的科研人员成千上万，而研制和运行火箭的效率却十分低下。从互联网产业脱颖而出的马斯科明白：小团队可以更快地完成任务。于是他从各大航天公司挑选顶尖年轻人才，3年半时间就设计制造出"猎鹰–1"号运载火箭。

从2006年到2008年，"火箭狂人"马斯科三次发射"猎鹰–1"号，均遭失败。在屡试屡败的情况下，马斯科仍坚信：登天的路再难，也有登上的一天，我会为此奋斗一生！ 2008年9月28日，在美军里根弹道导弹试验基地，"猎鹰–1"号火箭终于成功发射卫星，美国太空探索科技公司由此成为世界上首个完成这一壮举的私人公司。

马斯科最得意的"龙"号飞船，既是一艘货运飞船，又可改为载人飞船，最多可乘坐7名宇航员。2010年6月4日，第一艘"龙"号飞船试飞成功，马斯科成为世界上第一个发射宇宙飞船的私人老板。

"龙"号货运飞船飞向国际空间站。

从 2002 年到 2010 年，美国太空探索科技公司创立 8 年，总支出不到 8 亿美元。2007 年，马斯科开始盈利，接到 40 份航天发射订单，预计收入超过 30 亿美元。目前，马斯科拥有超 27 亿美元资产，并被《时尚先生》杂志评为 21 世纪 75 个最有影响力的人之一，其中包括宇航奇才奥尔德林和理查德·布兰森。

当记者问马斯科成功秘诀时，他回答：大胆加勇气。记者追问是不是他很聪明，马斯科笑眯眯地说："不！我比其他人更有想象力，想象力比知识比财富更重要！"

2011 年 6 月 28 日，人们担心马斯科会在 40 岁生日宴会上口出狂言：我要登上月球。马斯科摇摇头，笑眯眯地说：不，我要登上火星！

太空航线在延伸。马斯科已制订发射卫星、对接空间站、登陆月球、远征火星的计划，并计划在 2016 年发射火星货运飞船，2023 年发射火星载人飞船。难怪，美国宇航局称赞马斯科为——活着的传奇。

夜幕下的"猎鹰-9"号。

太空撞击：
卫星的亡灵书
（2009.2.10）

昨夜星光灿烂，如今化为美丽流星。美、俄卫星相撞，到底是无意还是故意？此事查无实据，最后只得不了了之，但太空垃圾和太空安全终于引起人们的高度警惕。想不到这太空中的轻轻一碰，震动了全球人的心脏。

1993年6月16日，俄罗斯发射了一颗卫星，代号为"宇宙–2251"。它的真名叫"箭–2M"，是52颗"箭"卫星中的一颗。"箭"卫星是一种能够为卫星、洲际导弹等传送信号的军事通信卫星。卫星"宇宙–2251"

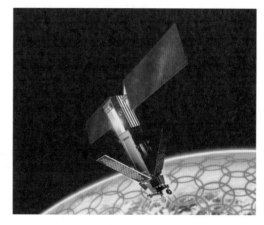

⬆美国"铱星–33"通信卫星。

只有6年寿命，1999年它已经"寿终正寝"，却滞留在轨道上成为太空垃圾。

1997年9月14日，美国摩托罗拉公司在俄罗斯拜科努尔航天中心创造一个奇迹——用一枚火箭发射了7颗"铱星"卫星，其中一颗名为"铱星–33"。"铱星"也是一种通信卫星，为手机、电话、互联网牵线搭桥。到2009年，"铱星–33"飞行近12年，寿命也接近终结。

2009 年 2 月 10 日，一个震撼世界的事件发生了。在俄罗斯靠近北极的西伯利亚上空约 776 ~ 779 千米的太空轨道上，美国通信卫星"铱星 –33"正以每秒 7 千米的速度沿着西南东北方向运行。突然，在茫茫黑暗中"铱星 –33"失去联系，北美防空司令部马上用雷达扫描轨道，发现新增了许多太空碎片。

再分析卫星星历，美国空军发现"铱星 –33"曾与俄罗斯卫星"宇宙 –2251"发生过交会。"宇宙 –2251"沿着西北东南方向运行，也发现大量太空碎片。美国空军最终确认两星相撞，这是世界航天史上第一次卫星相撞事件。它是一起太空交通事故吗？

美国国防部太空监测中心估计，此次撞击产生了 600 多块大的太空碎片，将来可能危及美国宇航局的地球观测卫星和其他卫星。卫星在太空中飞行的方向、角度、高度、速度、时间和快慢千变万化，卫星专家如何知道卫星的飞行状况？美国国防部太空监测中心又是怎样监测卫星和太空碎片的呢？

其实，地球上的雷达、天文望远镜与遍布太空的监视卫星，一起组成天上地下一张瞄准太空的太空监测网，覆盖全球，任何一个 10 厘米以上的飞行体，都逃不过这些太空神眼。太空监测网接收到太空飞行体的各种运行数据，然后根据开普勒定律六

◀ 北美防空司令部的太空监测中心之一。

324 ◀

地球上空遍布太空碎片

个经典参数，便能计算、描绘、跟踪和预测卫星、空间飞行体的运行参数。而计算机应用专业软件，会自动生成卫星星历。

卫星星历能实时跟踪、精确定位、轨位预测，功能十分强大，常应用于军事、天文、航天，如航天器的预测、定位、轨道、跟踪、测量和太空垃圾的计算、预测、描绘、跟踪，又被称为"看不见的照妖镜"。

各国的卫星、航天器或飞行体一旦进入太空，即被列入北美防空司令部卫星星历编号目录，并将终生跟踪。北美防空司令部官员说："哪怕卫星、火箭残骸等飞行体成为太空垃圾，仍被列入北美防空司令部卫星星历编号目录，直至目标消失。"

卫星相撞，到底是谁撞谁呢？从卫星星历分析：美国卫星的碎片数量少，速度慢，散布集中，大部分方向相反；俄罗斯卫星的碎片数量多，速度快，散布方向呈放射状。毫无疑问，2009年2月10日16时46分51秒167毫秒，俄罗斯卫星"宇宙–2251"被美国通信卫星"铱星–33"拦腰撞击。俄罗斯太空专家分析：美国可能指挥即将报废的卫星故意撞击，进行太空武器试验。

到2012年底，太空监测网共发现50万份太空垃圾。人们担心：下一次太空撞击，会在何时发生？

"开普勒"号太空望远镜：
寻找另一个地球

（2009.3.7）

太空望远镜不但能看清宇宙空间的外表，而且能看透宇宙空间的"内心"，帮助人类更清晰地认识宇宙。"开普勒"号太空望远镜希望通过发现类似地球的行星，触摸到外星人的灵魂，寻找可能存在的生命与文明。

为了寻找另一个地球，美国宇航局研制了人类第一架探测类地行星的太空望远镜——"开普勒"号。2009 年 3 月 7 日，"开普勒"号太空望远镜在美国肯尼迪航天中心发射升空。

"开普勒"号太空望远镜由一个直径 0.95 米的透镜和一个 1.4 米主镜组成，携带了 6 种先进探测仪器。它如同一双神眼，能看透银河系的"肺腑"，倾听行星的"心声"，并能观察到 30 光年的星球变化。

"开普勒"号将探索银河系的

⬆"开普勒"号太空望远镜。

太阳系

太阳系

925,000,000,000,000,000公里

银河系结构示意图

➡️"开普勒"号可
搜索太阳系外类地
行星的范围。

⬆️类地行星，你在哪儿?

天鹅星座和天琴星座一带，这个区域大约有 10 万个与太阳系相似的恒星体系。天体物理学家希望它能观测到行星"凌日"现象:当恒星中的行星运行到"开普勒"号与恒星之间时，利用行星的遮挡，"开普勒"号传感器接收到的恒星光线强度会变弱。根据恒星光线的变化，科学家可推算出行星的大小和轨道周期等数据。

"开普勒"号太空望远镜通过观测行星影像，由此识别类地行星的大气亮度，然后知道它们是否存在甲烷、氧气，是否有适宜的温度及水。这样就有科学证据，证明类地行星不只可以居住，而且已有生命存在。

为了避免太阳、地球发出的辐射和干扰，"开普勒"号装有保护罩，保护罩上还安装了宽大的散热器。散热器的焦点平面始终对准太阳，既隔热又散热，能保证"开普勒"号正常工作温度，不会被太阳烤焦。另外，科学家已给"开普勒"号安装了先进的通信器材，有情况马上报告。"开普勒"能带给人类好消息吗?

无论"开普勒"号太空望远镜发现了什么，或什么都没有发现，它都是一次科学任务，更是一次历史使命。祝"开普勒"号好运!

"光明星-2"号：
海里的卫星
（2009.4.5）

一场卫星发射，看起来更像一场战争。运载火箭变成洲际导弹？火箭飞得不高却进入太空？卫星会在地球上玩失踪，到海里唱歌？真假与战略、科学与政治，朝鲜利用发射卫星试验导弹，将国际社会玩得团团转。

2009年4月5日，朝鲜军队进入战争状态：飞行员坐在机舱里待命起飞，有的已经起飞执行战斗任务；军舰巡弋在朝鲜与韩国、日本邻海附近，炮口对准东、南、西方向；导弹指挥员更是神经绷紧，急促地下达指令；各种导弹变换方向，瞄准韩国和日本；地道里的士兵神情严肃，手握钢枪等待最后一刻……

↑日本拦截导弹。

朝鲜自称是世界强国，早在1998年和2006年就宣布发射了两颗卫星。国际社会认为朝鲜以发射卫星的名义试验"大浦洞"号洲际导弹，但国际太空组织并没监测到卫星的影子，卫星到哪儿去了？

洲际导弹是朝鲜梦寐以求的撒手锏，朝鲜宣称：如果美帝国主义胆敢发动战争，朝鲜将一举把侵略者从地球上抹去。

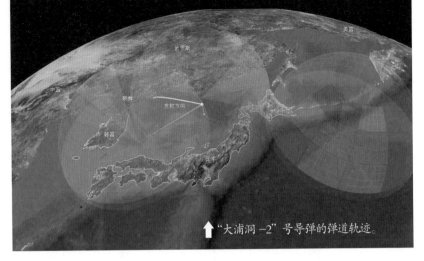

"大浦洞－2"号导弹的弹道轨迹。

2009年4月，朝鲜宣布要发射"光明星－2"号通信卫星。美国认为朝鲜发射"卫星"的真实目的是测试"大浦洞－2"号洲际导弹，尽管它打不到美国，但可以打到韩国、日本的任何一个角落，包括中国的北京、上海、广州、西安。美国、日本、韩国军方做好拦截导弹的准备，朝鲜又宣称：如果导弹遭到拦截，就将反击。东北亚一时进入战争状态。

2009年4月5日11时20分15秒，"光明星－2"号火箭点火发射。当天，朝鲜宣称："光明星－2"号卫星向地球播放了两首革命歌曲——《金日成将军之歌》和《金正日将军之歌》。朝鲜举国欢腾，老百姓热泪盈眶地倾听来自卫星的每一个音符。

虽然朝鲜举国庆祝卫星发射成功，国际太空监测网却没有探测、跟踪到朝鲜卫星，也没有生成卫星星历。看来，"光明星－2"号卫星不在太空。那它到底在哪儿呢？原来，朝鲜火箭一点火，就进入各国探测、监视系统。北美防空司令部宣布："大浦洞－2"导弹飞越日本海和日本，残骸坠入日本以东约1270千米的太平洋海域。印度太空监测专家说：如果朝鲜确实发射了"光明星－2"号卫星，最大的可能是——在海里！

在一片遗憾和谴责声中，2012年12月12日，朝鲜终于发射成功"光明星－3"号地球观测卫星。北美防空司令部宣布"光明星－3"号进入轨道，朝鲜终于出了一口恶气。

外星人报到：
真假解剖外星人

（2009.5.30）

触一触银河系的神经，摸一摸恒星们的脉搏，听一听行星们的心跳，没有什么比太空更有魅力、更具神秘感了。人类已找到类似地球的行星，但还未发现外星生命。我们坚信：人类向外星人走近了一步。

1947年7月，美国新墨西哥州罗斯维尔有飞行物坠毁。美国军方说是探空气球，UFO爱好者却认定是外星人飞船。1995年8月，一部美国军方科学家对外星人尸体进行解剖的纪录片——《解剖外星人》，引起了全世界的轰动。

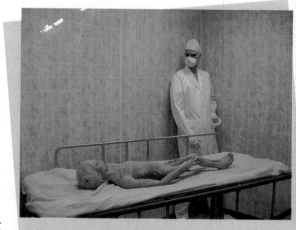

↑ 纪录片《解剖外星人》。

11年后，英国著名电视特技师约翰·哈姆菲雷斯向媒体承认：《解剖外星人》是他和另外四名同谋炮制的。这部伪造的黑白纪录片是在伦敦北部卡姆登地区的一个公寓中拍摄的，约翰既是编剧，又是导演，还是演员。他在纪录片《解剖外星人》中扮演一名外科大夫，而躺在手术台上的"外星人"，其实是一个塞满羊脑、鸡肠和从菜市场买来

地面监控网：
位于澳大利亚的
"斯卡"。

的猪肘关节伪造的。约翰称，"外星人"模型是他整整花了四周时间，用黏土和橡胶制成的。

人们常常议论飞碟和外星人，似乎外星人就在身旁。至于声称被外星人俘虏，生下小外星人等，都是非专业人士的个人爱好和小报记者忽悠人混饭吃的把戏。不论 UFO，还是 USO 现象，仅仅是观察而已，查无实据，而科学的原则是：真实、有效和可重复。迄今为止，所有 UFO 和外星人事件都经不起科学检验。

在地球上，人类建造了数十个大型天线阵列、十多个太空测控网、几百座天文台、十多个全球导弹防御系统、国家导弹防御系统和战术导弹防御系统，能在几秒钟内发现任何进出地球和大气层的物体。

在太空中，人类已发射了上千天文卫星、太空望远镜、地球观测卫星、照相侦察卫星、电子侦察卫星、导弹预警卫星。它们能随时观测地球上任何一枚导弹发出的火花，能在 3 秒内测准一架飞机尾部 0.01℃温度的变化，并能发现太空中 10 厘米大小的飞行体。试想，"哈勃"太空望远镜能看见几百亿光年的空间，难道看不见那么多飞碟和外星人吗？

科学家在地球上和太空中撒下天罗地网，布满了神眼神耳，任何太空飞行体都无法也无处藏匿。非常遗憾的是，人类经过几十年的观测和探测，没有在地球、太阳系和银河系内发现外星人和外星飞碟。

地球人是孤独的吗？太空文明在哪里？其他星球上有没有和我

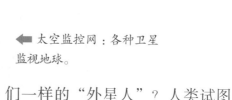

◀ 太空监控网：各种卫星
监视地球。

们一样的"外星人"？人类试图
到太空寻找高级生物，探究太空文明。这些行
星环境既恶劣又荒凉：要么太大、太密，要么太热或太冷，要么
距离恒星太近或距离地球太远。凭借现代科技，寻找太空文明很艰难，
但也不是遥不可及的事。

2009年3月7日，世界上第一颗寻找类地行星的太空望远镜——
"开普勒"号在美国肯尼迪航天中心发射升空。天体物理学家宣称：
人类在10年之内就能找到这样的星球，科学家正在为未来可能的发
现做准备。2009年5月30日，美国宇航局宣布："开普勒"号首次
发现了类地行星。

类地行星上有外星人吗？如果有一天，外星人来报到，请不要
惊慌；如果有一天，要在手术台上解剖外星人，你敢吗？

↑ 荒凉的星球。

美国太空港：
让生命更精彩

（2009.6.21）

太空旅游是人生最大的梦想：从奇幻的太空港起飞，在突破卡门线的冲刺中体验超重和极速的感觉，身在太空欣赏地球艺术和星空魅力，从飘逸的失重中找到从未有过的自由……这就是太空旅游，会让生命更精彩！

"欢迎来到美国太空港！

"这里通往太空！

"太空港让你实现太空旅游梦！"

新墨西哥州在美国西南部，过去被誉为野蛮的西部、牛仔的天堂。这里虽是沙漠荒原，却是充满传奇的地方：晚

⬆ 美国太空港的候机大厅分层图。

霞中红岩峭壁的荆棘下，鸟窝里伸出几张嗷嗷待哺的小嘴巴；高大的仙人掌旁边，印第安人的草屋炊烟袅袅……更让人想不到的是，沙漠荒原下竟盛产制造原子弹的铀，世界上第一枚原子弹就诞生于此。1947 年，一个不明飞行物坠落在小城罗斯维尔，这里一下子成为"外星人"的代名词。

⬆ 候机大厅内部。

2009 年 6 月 21 日，新墨西哥州开工建设美国太空港。它是世界上第一座商业化太空港，虽然位于大漠深处，却既荒凉又高雅。

美国太空港是太空旅游的航天港，由布兰森的维珍银河航天公司经营。看，迷人的色彩，魔幻的造型，更像科幻电影里的太空人城堡。设计师说:太空港会让太空游客大吃一惊，感觉不是从地球出发，而是回到未来。

美国太空港配备太空飞机机库、飞机维修区、办公室、候机大厅和长长的跑道，这里有漂亮的酒店、娱乐中心和观光中心，接待来自全世界的太空游客。

如何进行太空飞行？首先，游客在加勒比海的一座美丽小岛——内克尔岛接受为期八周的太空营适应训练，然后搭乘太空飞机进入太空。太空营的入学条件较低，只要身体过得去，近视眼和少一只手都没关系，交钱就行。

内克尔岛位于加勒比海的维京群岛附近，是一座漂亮的珊瑚岛。这里阳光明媚，风景优美，连空气也带着加勒比舞蹈的韵律。20多年前，布兰森以18万英镑的超低价购得时，小岛上只有一棵棕榈树。现在，内克尔岛建成了世界上第一座太空游客学校。

美国太空港最早将于2014年开始太空飞行。如果一切顺利，第一批乘坐"太空船–2"号的乘客和两名飞行员，着陆后将被授予吉尼斯世界纪录证书。

太空港已经有5架"太空船–2"号飞机和2架"白色骑士"号运载机等待太空游客。起初，每天20个航班，将来增加到50个航班。整个太空旅游历时约两个半小时，太空船会像普通飞机一样降落在太空港机场。

届时，许多人仍晕晕乎乎，好像做了一场太空梦。

↑美国太空港。

↑回到未来——美国太空港。

↑观光中心。

↑梦幻般的珊瑚岛——内克尔岛。

335

盖伊·拉利伯提：
小丑也能上太空

（2009.9.30）

　　一个播撒快乐的小丑，一个大胆的幻想家，不可能永远在街头巷尾表演几个烂节目。盖伊第一个将艺术与科普、太空与马戏结合在一起，而且每一个节目都安排了激动人心的故事。我们相信：在太空舞台上，盖伊的马戏会更精彩！

　　太阳马戏团是世界上最著名的马戏团。在创造梦想和想象力的美国，它的总裁盖伊·拉利伯提也是一个传奇。

　　1959年9月2日，盖伊出生于加拿大魁北克市。他生来风趣幽默，总有办法让人开怀大笑，最后从一个街头艺人成长为富有魅力、有远见的艺术家，不但创建了世界第一知名马戏团——太阳马戏团，而且成为雄视地球的太空游客。

　　自1984年以来，太阳马戏团巡游全世界，拥有3800多名来自40个国家的演艺人员，观众超过5000万。盖伊将魔力和欢乐洒向人间，让观众忘情地使劲拍手。

◀ 国际空间站的太空小丑。

怎样更震撼世界？2007 年，盖伊支付了 3500 万美元，到太空播撒欢乐和知识。他戴上凸起的小丑红鼻子说："这是新颖的鼻子，可防止国际空间站那帮粗鲁的观众抚摸而磨损。如果谁顽皮地多摸红鼻子，谁就会在睡梦中长出红鼻子。"

2009 年 9 月 30 日 7 时 14 分，吞火魔术师、高跷高手、马戏团大亨盖伊·拉利伯提乘坐俄罗斯"联盟 TMA–16"号飞船前往太空。

↓ 盖伊·拉利伯提。

伴着轰鸣声，白色烟雾喷射了十多秒，小丑和飞船便从拜科努尔航天中心消失，这是一次史无前例的超级魔术。

盖伊成为世界上第七位太空游客。他在国际空间站的小丑表演，吸引了几亿少年儿童。

盖伊的太空之旅不但实现了自己的人生梦想，更扩大了太阳马戏团的知名度。难怪，盖伊指着自己的红鼻子说：这是宇航界的一小步，却是马戏界的一大步。

"X-37B"空天飞机：太空中的战斗机

（2010.4.22）

　　美国国防部一直在追寻两小时"全球打击平台"、一小时"全球快速打击平台"。"X-37B"空天飞机的特点就是全球快速打击，它是继核武器、隐形武器之后的第三种全球战略战术武器。未来，"全空间穿越作战""多维非对称打击"将成为主要作战方式。

　　2010年4月22日，美国第一架空天飞机"X-37B"搭乘"宇宙神-5"号火箭，从卡纳维拉尔角空军基地发射升空。10分钟后，"X-37B"空天飞机便突破大气层，进入400多千米的太空飞行。

　　空天飞机是一种能在机场上水平起飞、水平降落的航空航天飞机，它既能在大气层内飞行，也能在太空飞行。由于需要运载火箭帮助才能升空，属于垂直升空，不是水平升空，"X-37B"只是一架能围绕地球轨道飞行的试验性飞机，并不是真正的空天飞机。

　　作为第一种无人军事空天飞机，"X-37B"的任务是演示空天飞机的实用性、可靠性和可重复使用等课题。空天飞机能更自由地出入大气层，它不是将太空开发成旅游观光区，就是开辟一个新战场。

　　2011年3月5日，美国空军第二架空天飞机"X-37B"搭乘"宇宙神-5"号火箭升空。这架"X-37B"飞机已超过270天的预定时间，飞行时间达 468 天 13 小时 02 分，成为继苏联"暴风雪"号、美国第一架"X-37B"飞机之后，世界上第三架从太空返回、自动着陆的可重复使用飞机，也是目前世界上在太空飞行时间最长的飞机。

2012 年 12 月 11 日，美国第三架"X-37B"飞机升空。"X-37B"将进化、升级为载人空天飞机。

↑"X-37B"空天飞机。

↑美国空军两种"X-37C"空天飞机蓝图。

↑运载火箭发射空天飞机。

"太空船-2"号：
开着飞机上太空
（2010.10.10）

　　"太空船"号太空飞机是一种能飞上太空的火箭飞机，理查德·布兰森称赞它：流线型的机头，柔和光滑的机身，漂亮得令人窒息。这种富有科幻色彩的飞机，将根本性地改变人类进入太空的方式。

⬆美国传奇飞机设计师伯特·鲁坦。

　　英国维珍银河公司老板理查德·布兰森聘请世界上最富创新精神的飞机设计师伯特·鲁坦，设计了"太空船"号太空飞机和"白色骑士"号运载机，让开着飞机上太空不再是梦想！

　　"太空船-2"号长18.3米，高5.5米，载重量9740千克，最大速度4000千米/时，飞行员2名，乘客6名。2010年10月10日，"太空船-2"号首次载人飞行测试成功。

　　"太空船"号是世界上第一种私人研发的载人太空飞机，它的伟大意

"太空船-1"号太空飞机。

义在于：飞机也能进入太空，而且更加简便、安全、快速、便宜。

虽然太空航天票价格高达25万美元，但全球预订已近10万，其中包括用眼睛讲述宇宙发展史的英国物理学家霍金和美国歌星麦当娜。

太空旅游不是梦想，而是理想。2014年，布兰森将带着两个孩子乘坐第一次航班，开始史无前例的太空旅游。

"太空船-2"号与"白色骑士"号分离，飞向太空。

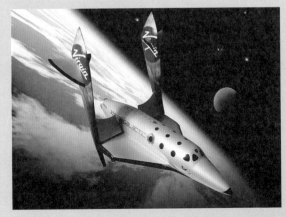

"太空船-2"号返回地面。

"灵巧"机器人：
最聪明的宇航员
（2011.2.24）

灵巧是第二代人形太空机器人，外形酷似奥特曼。灵巧人如其名：更快，更灵巧，更高科技。它拉开了机器人宇航员进入太空的大幕，从此宇航员又多了一个帮手，太空又增添一份欢乐。灵巧，太空有你更美丽！

2009 年 7 月 28 日，美国宇航局宣布：人形机器人的名字叫"灵巧"。它将成为历史上首位访问太空和国际空间站的人形机器人，并最终进化为拥有自主行动能力的多功能"太空超人"。

2011 年 2 月 24 日，灵巧像个大人物一样坐在 7 号座位，从肯尼迪航天中心搭乘"发现"号航天飞机升空。

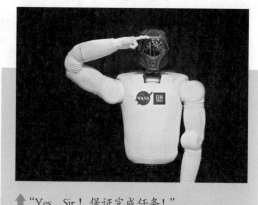

↑"Yes，Sir！保证完成任务！"

灵巧的外形很像科幻电影中的未来战士，身上装备着最先进的控制系统和视听感应器，具备逻辑思维、形象思维和纠错能力。它注定会成为科学的奇迹，大众的万人迷！

灵巧这个美男子，由头部、上半身、两只手、两条手臂和

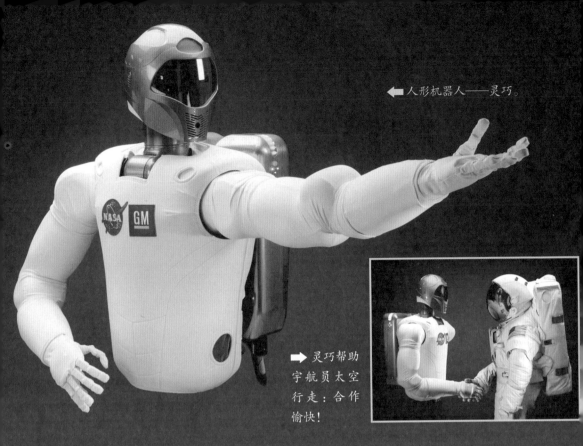

人形机器人——灵巧。

灵巧帮助宇航员太空行走：合作愉快！

一条腿组成。金光闪闪的面部，给灵巧增添了科学的庄重、太空的迷幻。它的上身按照 1.95 米足球运动员的健壮身材设计，高 0.8 米；体重 270 千克,移动速度高达 2 米 / 秒。灵巧全身安装了 350 多个传感器,如果悄悄挠痒痒,它会立即作出反应,扭动身体,但不会发出笑声。

灵巧是个无脑儿。准确地说,它的"大脑"不在头部在胸部,是台电脑,能思考、计算和决策,还能自动编程,指挥灵巧干许多人类没法干的工作。

灵巧的"眼睛"是两只彩色立体摄像机,擅长拍摄立体高清图像,分辨率在 1080 线以上,能产生深度视觉形象,可以随意放大图像。它的"耳朵"具有超极限听觉,能分辨声音、声音来源和方向。如果安装一套微波接收器,灵巧甚至能听见人类听不见的各种微波信号。灵巧的"脖子"能轻松地上下左右摆动、旋转,甚至可以 360° 旋转。它的"手臂"是按照体操运动员的柔韧度和灵

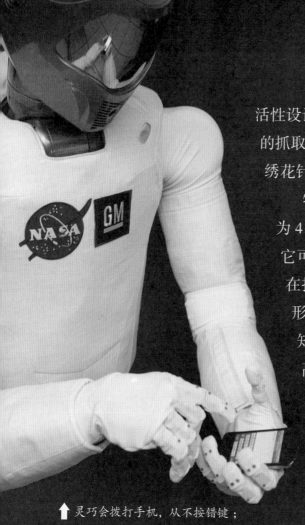

活性设计的，每根手指大约有 2.25 千克的抓取力，双手可以书写，能捡起一枚绣花针，也能举起两个人的重量。

特别是灵巧的手指头，已经进化为 4 个自由度，而不是人类的 3 个。它可以用双手分辨柔软的丝绸，并在抚摸那些滑溜溜、软绵绵、易变形的东西时，对感觉的数据、认知的加工和身体的灵活性具有极高的敏感度。

灵巧前途无量，将在未来的太空探索中扮演越来越重要的角色。根据智慧和功能，灵巧完全可以在太空捕捉、检修卫星等航天器，如给卫星加充燃料、换零件等。

↑ 灵巧会拨打手机，从不按错键；发短信有逻辑，但不带感情。

目前，灵巧还没有语言系统，所以缺乏幽默和口才。都说人类与动物的区别是有没有主观能动性，人类与机器人的区别是有没有感情，机器人现在没有，不一定将来永远没有感情。

灵巧，仍在极速进化，没有生命也精彩无限！

➡ 灵巧轻松地横向推举 9 千克重的哑铃。

"好奇"号火星车：火星上的空降兵

（2011.11.26）

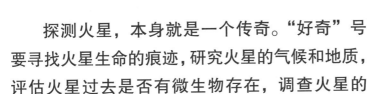

探测火星，本身就是一个传奇。"好奇"号要寻找火星生命的痕迹，研究火星的气候和地质，评估火星过去是否有微生物存在，调查火星的可居住性，为载人登陆火星搜集资料……"好奇"号将揭开多姿多彩的火星之谜。

2007年，一辆新型火星探测车研制成功。它由美国、加拿大、德国、法国、俄罗斯和西班牙等国共同研发，集中了世界上最先进的科学技术和科研仪器，耗资 25 亿美元。设计者说：我们好像不是在设计，而是在写一部科幻小说，主人公就是火星车。

为了普及科学知识，启发少年儿童的想象力和创造力，美国宇航局会为每个航天器公开征名。2008 年 11 月，这辆新一代火星探测车征名开始，5 ～ 18 岁的美国少年儿童均可参加，

TIPS

有好奇，才有发现；有发现，才有科学。它非常符合科学、探索的精神，也非常符合新火星车的科学目标。图为马天琪。

参赛人要说明自己为火星车命名的理由。

2009 年 5 月 27 日，美国宇航局宣布新火星车的名字为"好奇"号，这个好听的名字是由美国 12 岁的华裔小女孩儿克拉拉·马（中文名：马天琪）起的。马天琪的父母来自中国，20 世纪 90 年代移居美国。马天琪为新火星车命名的理由是：好奇心是人类永不熄灭的火焰，燃烧着每一个人的心。我每天早晨起床，不知道这一天又有什么样的惊喜发生。好奇心有如此强大的力量，没有它，就没有我们的今天。我年纪小，我不知道天空为什么是蓝色的？为什么星星闪烁？我为什么是我？我们已经发现这么多世界之谜，但仍然知道得这么少。我们永远不会知道深奥的科学，但燃烧的好奇心帮助我们学到了很多知识。新火星车的名字应该叫——"好奇"号。

"好奇"号是美国第三代火星车。它长 3 米，高 2.3 米，有 6 只车轮，重量 900 千克，越野能力很强，能爬越斜度达 60° 的陡坡，可轻松越过高达 75 厘米的障碍物，而且通过自动导航，最大速度为 90 米 / 时。

"好奇"号是一辆核电力火星车，可以适应火星上高达 130℃低至 −127℃的温度。它还是高智商、多功能机器人，能容忍空间和火星上极为严酷的辐射环境。"好奇"号荣膺多项火星车之最——最大、

"好奇"号火星车能进行化学分析。

最重、最先进、速度最快、设计寿命最长、钻探最深、行程最远以及最伟大的使命。

2011 年 11 月 26 日,美国宇航局"火星科学实验室航天器"携带"好奇"号火星车发射。经过 9 个多月、约 10 亿千米的星际旅行,"好奇"号于 2012 年 8 月初到达火星。8 月 6 日清晨,在全球 10 亿多观众的注视下,一场激动、震撼、命悬一线的登陆行动开始了。

如何在遥远的火星降落?"好奇"号火星车采用一种更先进的全新登陆方式,即登陆系统由安全罩、降落伞、"天鹤"着陆器、反推火箭发动机组成,分为进入、下降、软着陆和着陆四个阶段。

只见"好奇"号在火星上空喷射着火焰,从天而降,挂着绳索登陆到火星,十分精确、完美,就像火星上的空降兵。然后它竖起桅杆,启动电源,打开探测、遥感仪器,开始了史无前例的火星之旅。

从此,它开始探索、漫游火星,见证一个个伟大发现和科学奇迹。科学家为"好奇"号设计的工作寿命为 1 个火星年,668 个火星日,即 686 个地球日。

"好奇"号火星车在火星上驰骋。

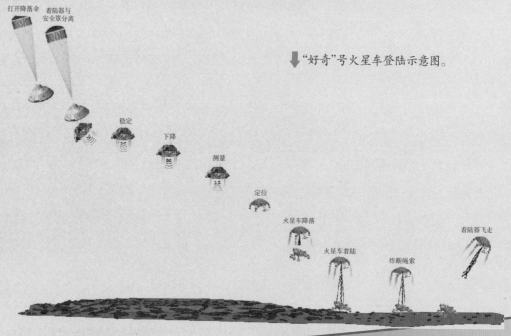

打开降落伞　　着陆器与安全罩分离

稳定

下降

测量

定位

火星车降落

火星车着陆

炸断绳索

着陆器飞走

▼ "好奇"号火星车登陆示意图。

▼ 最后一秒:"好奇"号火星车喷火空降。

⬆ "好奇"号和着陆器藏在安全罩里。

⬆ 2012 年 10 月 31 日,"好奇"号的自拍照。

"龙"号飞船：
第一艘私人货运飞船

113

（2012.10.8）

　　虽然太空虚无缥缈、风险莫测，但太空里有理想，也有梦想。看，"龙"号飞船已经从梦想到现实，从地球到太空，从个人智慧到人类文明。无论怎样评价马斯科的终极目标，它都是人类一座宏伟而壮观的里程碑。

　　为了让人类成为"多行星物种"，"火箭狂人"马斯科开始玩飞船、卫星和空间站等高科技游戏。他甚至放言：十年内载人登月不在话下。

　　"龙"号系列飞船分为货运飞船和载人飞船，其中货运飞船命名为"龙"号飞船，高 6.1 米，直径 3.7 米，重 4.2 吨，内部容

↑ 马斯科的战果："猎鹰"号火箭与"龙"号货运飞船、载人飞船。

积 14 立方米，可装载 3.3 吨货物；载人飞船命名为"龙骑士"号飞船，由三部分组成——轨道舱、返回舱和服务舱，可乘坐 7 名宇航员。

　　一条新的太空航线即将开辟，一个令人咋舌的梦想即将实现。2012 年 10 月 8 日，第三艘货运飞船"龙-1"号升空，前往国际空间

▲ 国际空间站伸出机械臂抓住飞船。

▲ 机械臂将飞船送到对接口。

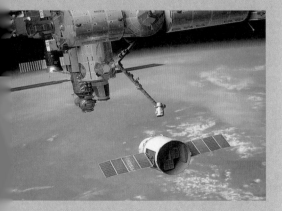

▲ "龙"号飞船与国际空间站分离。

站。只见"龙–1"号飞船在450千米高空慢慢追赶上国际空间站，并在距离国际空间站约10千米时发射无线电信号，国际空间站机组人员能够接收、遥测并发送一个对接指令到"龙–1"号飞船。"龙–1"号飞船慢慢靠近到距离国际空间站10米处，国际空间站伸出机械臂抓住飞船，送到空间站的对接口，咔嚓，成功！

这次"龙–1"号飞船运去近2吨货物，包括400千克纯净水，120千克各种美味太空食品，180千克零部件，66个实验仪器等。返回地球时，"龙–1"号飞船又将近2吨科学实验资料、仪器和垃圾带回地球。

当"龙–1"飞船完成太空任务，国际空间站的机械臂将飞船慢慢从空间站上移开，伸开臂膀把飞船轻轻托起。飞船在机械臂上起飞，逐渐降低轨道，在进入大气层前把轨道舱和服务舱抛弃。返回舱在距离地球20千米高度，打开三副红白相间的降落伞，在大西洋溅落回收。

苏尼塔·威廉姆斯：
世界航天纪录女王

114

（ 2012.11.19 ）

在人类航天史上，女宇航员书写了太空探险
活动的辉煌篇章。这些太空女英雄大都是博士、
教授或研究员，军阶至少是校官。苏尼塔是其中
创造佳绩最多、最著名的女宇航员，她在赢得全
世界尊重的同时，也为世界航天
纪录树立了新标杆。

2006 年 12 月 10 日，美籍印度
裔女宇航员苏尼塔·威廉姆斯和黑人
女宇航员詹妮·海格姆斯等 7 人，搭
乘"发现"号航天飞机升空。

生于 1964 年的詹妮，是第三位

苏尼塔与詹妮在国际空间站。

进入太空的非洲裔女宇航员。她在国际空间站脚踏太空、头顶地球，
奋力操作机械臂的形象，至今激励着每一个黑人。

生于 1965 年的苏尼塔，1998 年 6 月被美国宇航局选中，第一次
上太空就进行了太空行走。2007 年 4 月 16 日，从小喜爱跑步的苏尼
塔报名参加美国波士顿马拉松赛。主办方认为：你在太空，不可能回
到地球上的波士顿，更别说参加马拉松赛了。苏尼塔回答：在太空跑
马拉松，更能体现重在参与的体育精神。

苏尼塔第六次太空行走照片。

太空马拉松赛。

那天，波士顿马拉松赛发令枪一响，苏尼塔便在国际空间站的跑步机上开跑。由于失重，她用橡皮筋固定自己，最终以 4 小时 24 分跑完太空马拉松。尽管成绩不佳，苏尼塔却成为第一位在太空参加马拉松赛的运动员，第一位在国际空间站参加马拉松赛的宇航员。

目前，苏尼塔创造了 5 项最重要的女宇航员世界纪录：194 天 18 小时 02 分，太空飞行单次最长世界纪录；321 天 17 小时 15 分，太空飞行最长世界纪录；7 次太空行走，太空行走次数最多世界纪录；一次太空行走时间 8 小时 15 分，单次太空行走时间最长世界纪录；太空行走总时间达 50 小时 40 分，太空行走时间最长世界纪录。

奥蕾莉亚星："地球兄弟"在哪儿

115

（2012.12.5）

地球一样的星球在哪儿？那里是外星人的老家吗？外星生命以什么方式存在？外星文明已经很发达了吗？地球人会引狼入室吗？……许多疑问、疑惑和科学难题困扰着科学家，等待着他们去破解。

在距离地球 40 光年以外的太空，一颗红矮星在闪耀，一颗地球大小的行星围绕它运转。这颗行星很接近它的太阳，表面有液态水。但这颗行星被恒星的引力锁定，停止了自转，它的一半永远是白昼，另一半永远是黑夜。

这是一个没有日出和日落的星球，空气中回响着奇怪的心跳声，大批怪异的扇形植物朝着红矮星的方向生长。这里的植物已经变成动物，如既是植物又是动物的

➡ 怪异的扇形植物已经变成动物。

刺扇，高度超过 10 米，靠扇面吸收太阳能，产生葡萄糖。

科学家把这颗想象的行星命名为"奥蕾莉亚星"，它会真实存在吗？如果存在，奥蕾莉亚星到底在哪儿呢？

2012 年 12 月 5 日，美国宇航局宣布："开普勒"号太空望远镜发现了一颗类似"地球兄弟"的行星，命名为"开普勒 –22B"。它位于距离地球 600 光年的天鹅星座，比地球大 2.4 倍，平均温度 22℃左右，围绕着一颗类似太阳的恒星运转，一年 290 个地球日。由于距离它的太阳不远也不近，这意味着"开普勒 –22B"最有可能存在液态水和生物。虽然"开普勒 –22B"最类似地球，可惜太远，人类不可能到那儿去。但不管怎么样，这都是一个振奋人心的好消息。

2013 年 11 月 5 日，美国宇航局宣布：银河系约有 2000 亿颗恒星。类似太阳的恒星至少有 400 亿颗，类似"地球兄弟"的可能超过 88 亿颗，最近的可能距离地球只有 12 光年。按照地球 70 亿人口计算，每个人可以分配一颗以上"地球兄弟"。

2020 年，美国宇航局将发射"类地行星发现者"号太空望远镜，对准那些类似"奥蕾莉亚星"的星球。相信：人类寻找外星生物，已不再是遥不可及的梦想。

火星地球化：
让红色火星变绿
（2012）

怎样让红色火星变绿？在火星上建工厂，专门制造温室效应气体和臭氧，自然生成大气。大气层慢慢形成后，火星就会逐步变暖，将火星上的冰逐渐融化，火星上就有了水。丰富的水源将诞生陆地和海洋，红色火星会渐渐变成适宜人类居住的绿色星球。

1942 年，科幻小说之父威廉姆森出版科幻惊奇小说，创造了"地球化"这个名词和概念，意思是将一颗环境恶劣的星球改造成像地球一样的绿色星球，让全世界许多航天专家、空间

"火星地球化"方案。

学家、火星学家、未来学家从中得到灵感和激情。

根据火星气候，科学家提出多种"火星地球化"方案。目前，最经济、最可行的"火星地球化"方案，共分四个阶段。

第一阶段：火星变暖。科学家设想了三种火星变暖法。

在火星上建立一套完整的生态系统。

1. 太阳反射镜：制造一枚直径超 120 千米的高精度太阳反射镜，将太阳光反射到指定的火星区域，融化火星地表下的水冰和大气。

2. 小行星撞击：利用核弹将一颗小行星引爆，撞击火星产生巨大能量，达到两个目的，一是撞击产生的温度将火星上 1 万亿吨冰融化成水，二是撞击后释放的氨气可以让火星大幅升温。

3. 制造温室气体：在火星上大批建造水泥厂、化工厂，它们产生的大量温室气体会让火星形成温室效应。制造温室气体被认为是最可行的方案，有可能成为首选方案。

第二阶段：制造大气层。

人类移民火星，必须要有空气和大气层，可火星大气层很薄，人类必须为火星制造一个大气层。当人类完成第一阶段火星改造后，温暖气候将土壤中冷冻的二氧化碳释放出来。由于火星温度提高，冰开始融化为水，水分子蒸发产生水汽和云雾，形成雨雪等天气现象。

第三阶段：绿化火星。

随着火星土壤中水分子的蒸发，二氧化碳加速释放，火星赤道附近的温度长年保持在0℃以上，火星上就有稳定的液态水供应。这时，人类开始绿化火星。最先考虑培育的植物，应该是能够促进光合作用的菌类和苔藓，然后从栽培各种低温植物过渡到普通植物。

⬆ 工厂制造二氧化碳形成大气层。

第四阶段：营造生态系统。

随着火星形成大气层，火星人将居住在火星全球。火星上到处都是氧化铁等氧化物质，可还原出氧气来。火星上的黏土和火山灰，有利于植物生长；火星大气中有足够的二氧化碳气体，可提高植物光合作用的效能，让农作物获得比地球上更大的丰收。

当地球上的生物、动物开始在火星上大量繁殖，火星人再也不用带着氧气袋生活了。由于火星的重力与地球不一样，火星上的老移民和在火星上诞生的小火星人已经适应火星的重力环境，而新移民一时还不能适应火星重力，走路好像在跳高，散步也好像在跳跃。

火星难以抗拒的魅力，像催眠师一样将地球人吸引过来。世界上许多国家正急于开拓火星，寻找火星家园。相信火星的颜色革命，并不遥远！

➡ 地球（左一）与各星球地球化前（上）后（下）的设想。

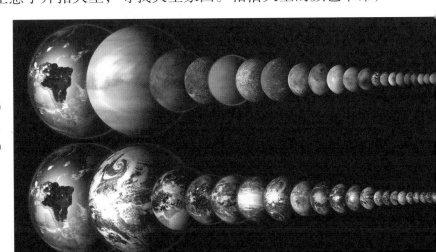

"嫦娥 –3"号探测器：
玉兔追梦
（2013.12.14）

　　月球的年龄十分诡异：它到底是地球的父亲、兄弟还是孩子？美国"阿波罗"号登月时，探测仪器发现月球发出空洞的声音，莫非月球是空心的？月球被地球引力吸住，慢慢加速靠近地球，最终会与地球同归于尽吗？月球之谜正在打开……

　　月球北部有一座月海，它有一个好听的名字——虹湾，意为"彩虹之湾"。这里看上去像一片大平原，其实是一个直径达 260 千米的巨型陨石坑，形成壮丽的弯形月海。

⬆ "嫦娥 –3"号月球探测器。

　　2013 年 12 月 14 日晚上，在距月面约 100 千米的环月轨道上，"嫦娥 –3"号探测器以每秒 1.7 千米的速度下降到距月面 15 千米的高度。当距月面约 100 米时，"嫦娥 –3"号悬浮在空中，用三维成像敏感器对虹湾着陆区进行观测，选择最安全的着陆点。

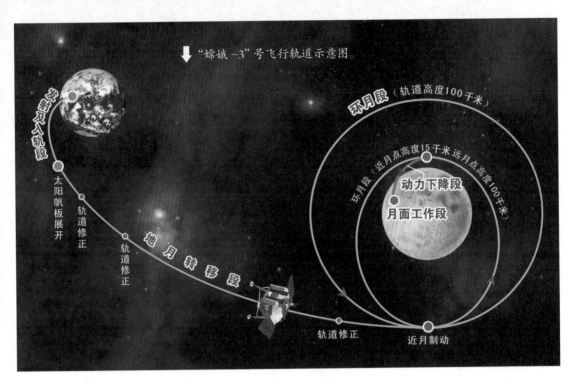

"嫦娥-3"号飞行轨道示意图。

"嫦娥-3"号慢慢下降，测高仪测量：30米、10米、1米……在着陆前的最后一秒，反推力发动机点火，喷射出强大的火焰，减缓降落速度——登陆！"嫦娥-3"号轻轻地空降，四条腿稳稳地站在布满砾石和尘埃的虹湾月面上。

软着陆成功！这是中国探测器首次登上另外一个天体，中国因此成为世界上第三个实现月面软着陆的国家。在月面上休息一天后，"嫦娥-3"号准备将"玉兔"号月球车送入月面。

"玉兔"号长1.5米，宽1米，高1米，体重140千克，有4只张望月球的"眼睛"——一对导航相机，一对全景相机，脑袋上还有几个太阳敏感器，定位自己的位置。它的"脸"也不是普通的脸，而是一个定向通信天线；"皮毛"也不是毛毛，而是耐寒耐热的铠甲，一面金光闪闪，其他都是银色，能抵御月球的 -183℃低温和反射高达 127℃的强光高温等。

"玉兔"号是机灵鬼，本领极大。虽然它号称兔子，却长着一对漂亮的翅膀。这对翅膀不是为了飞翔，而是获取和保存太阳能的帆板。

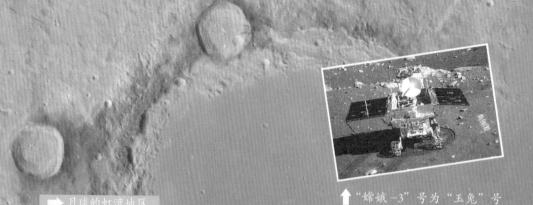

➡️ 月球的虹湾地区。

⬆️ "嫦娥–3"号为"玉兔"号拍摄的照片。

到达月面后，"玉兔"号就张开翅膀，吸收温暖的太阳能量。它的2只前爪可以钻孔、研磨、采样，6只能够万能转向的轮子每小时可行走200米，并能前进、后退、原地360°转向，甚至还能边走边转向。

"玉兔"号的"大脑"不在头部，而在肚子里。这里有一台最聪明的电脑，能自动思考、判断和指挥。"肚子"里还装着红外成像光谱仪、避障相机、机械臂、激光点阵器、同位素热源等。同位素热源能散发温度，保证"玉兔"号不被"冻僵"……这真是一只世界上绝无仅有的高科技"兔子"。

看，"玉兔"号沐浴着月球上的阳光，谨慎地"摸索"到"嫦娥–3"号前方，然后像滑滑梯一样轻轻地滑到月面。车轮在月面印出两道深深的痕迹，这是中国探测器留在地外天体上的第一串"脚印"。

为了在月面上留下珍贵的纪念，"嫦娥–3"号和"玉兔"号互相拍照。这是五星红旗第一次在月球上闪闪发光，创造了一个中国传奇。每个中国人都感到无比骄傲，有中国小朋友说：我的心都融化了！

"玉兔"号向小朋友发出信息：爱航天，爱科学，你也能成为传奇！

小学生卫星：
有志者事竟成

(2015.12.6)

激情飞翔的梦想，探索心灵的成长，品尝科学的味道，开阔全新的视野。课桌上诞生的小小精灵飞向各自轨道，展示科技、智慧和魅力，而且越小越闪亮！

在美国弗吉尼亚州阿灵顿市，有一座圣·托马斯·莫尔学校。学校的座右铭是：什么都可以学会！

一天，该校小学生计划建造一颗极小的卫星，命名为"圣·托马斯·莫尔"号地球观测卫星，

⬆ 这个怎样安装呢？

又名"小学生 –1"号卫星，让全世界的小朋友都看见。

小学生怎么建造卫星呢？老师讲解卫星原理、组成、构造、功能、系统、零部件、飞行、轨道、设计原理、设计程序、设计技巧、程序编辑、软件编辑等。美国宇航局还派遣科学家，指导该校小学生的卫星总装、集成、测试和发射。就这样，孩子们穿上防静电服，学会了如何焊锡以及安装极易破碎的电子元器件等。

莫尔学校又将"小学生 –1"号卫星送到麻省理工学院进行测试：

卫星的内部和结构。

"嗨哟，这玩意还真能飞起来！"在卫星通信地面站，小学生们学会了如何操作无线电，如何与卫星建立通信。

家长们开始眯起眼睛，摇摇头：刚放下奶瓶，就想造卫星，可能吗？莫尔学校的小学生们却说："我们造卫星就如同搭积木。看——将卫星分成十几个系统，几个同学组成一个小组，研制一个系统。每个系统就好像一块积木，搭在一起就是卫星。"

"小学生 –1"号卫星很小，长、宽、高各 10 厘米，重量 1 千克，设计寿命 9 个月，研制费用 5 万美元。它包括：地球观测照相机、无线电收发器、太阳能电力系统、计算机系统、天线、一张研制小组签名的卡片和一块刻有学校师生以及项目支持者名字的铭牌。

2015 年 12 月 6 日，"小学生 –1"号卫星等 22 颗卫星搭乘"宇宙神 –5"火箭发射升空，前往国际空间站。2016 年 5 月 16 日，国际空间站专门发射小卫星的发射机将"小学生 –1"号卫星发射到太空。这个小精灵飞向距离地球 400 千米高度的轨道上，从太空俯瞰地球，每隔 30 秒拍摄一张照片传送回地球，用于科学研究和科普教学。

当"小学生 –1"号卫星发射成功的消息传来，莫尔学校的孩子们都欢呼起来："我们成功啦！"这是世界上第一颗小学生卫星，它将永垂航天史册，也让孩子们深深懂得：梦想不分大小，每一个梦想都值得努力！

多星发射竞赛：
称霸天下
（2017.2.15）

科技谱写荣耀！多星发射是一项重要的世界航天纪录，各国都势在必得。多星发射与星箭分离、变轨、起旋、侧向飞行等高科技密切相关。印度的多星发射引起世界瞩目，也引发新一轮多星发射竞赛。

2017年2月15日，印度萨迪什·达万航天中心热闹非凡。一枚大型火箭直刺太空，准备将104颗小卫星、纳米卫星、立方体卫星送入太空。这是一次震撼世界的多星发射，能成功吗？

多星发射，又称一箭多星，是指一枚运载火箭将3颗或3颗以上卫星发射并送入太空。多星发射的

⬆多星分配器与卫星。

分离技术，与洲际导弹分导技术几乎一模一样。分导式导弹号称"太空子母弹"，是在一枚洲际导弹上携带多枚弹头。它的弹头分配器在太空中分离导弹后，可以分别打击不同目标。多星发射具有强烈的军事技术色彩，各国竞相研发和运用。

早在 1961 年 6 月 29 日，美国 1 箭 3 星发射成功，成为第一个进行多星发射的国家。苏联及后来的俄罗斯是多星发射次数最多，多星发射卫星数量最多，也是多星发射失败次数最多，多星发射毁坏卫星最多的国家。

　　2014 年则是多星发射争霸赛最激烈的一年：2014 年 1 月 9 日，美国科学轨道公司在沃洛普斯岛发射一枚"安塔瑞斯"号火箭，将自己研制的"天鹅座–1"货运飞船等 34 个航天器送入太空；2014 年 6 月 19 日，俄罗斯发射"第聂伯"号火箭，成功发射 39 颗卫星，希望刷新世界纪录，想不到一颗加拿大卫星未能与火箭分离；2014 年 10 月 28 日，美国科学轨道公司发射"安塔瑞斯"号火箭，准备将"天鹅座–3"货运飞船等 30 个航天器送入太空，火箭却突然爆炸了，创造了多星发射毁坏卫星最多的世界纪录。

　　2017 年 7 月 14 日，俄罗斯从拜科努尔航天中心发射"联盟–2"火箭，计划将 66 颗卫星送上天，夺得多星发射的新纪录。可惜，这个倒霉蛋运气不佳——火箭发动机损坏了一些卫星，只能算部分成功。可见太空险恶，成功不易。

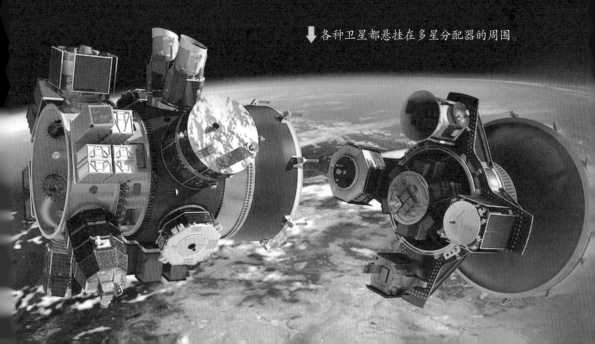

各种卫星都悬挂在多星分配器的周围。

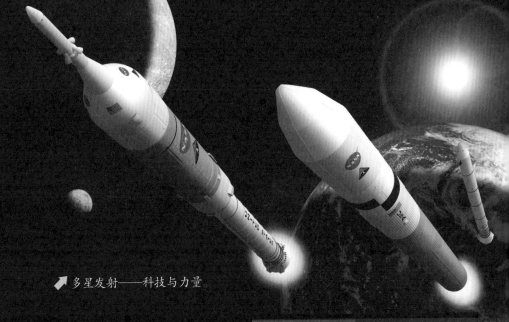

多星发射——科技与力量。

太空争霸，鹿死谁手？2017年2月15日，印度从萨迪什·达万航天中心发射"极轨卫星火箭–XL"火箭，将104颗各国卫星成功送入太空。此次印度创造的纪录震惊世界，并勇夺多星发射的世界冠军。

螳螂捕蝉，黄雀在后。寰宇之下，谁笑到最后还不一定呢！世界各国都在竞相研发多星发射，一箭发射更多卫星，创造新的纪录，让科技谱写更多荣耀！

多星分配器在太空中分离卫星。

后记

TIPS

刘进军：主要从事世界航天史、航天科技情报、军事航天的研究与写作，是中国出版卫星通信、军事航天、世界航天史著作最多的专家。他还是美国宇航学会会员，编号为 464678。

如果将许多新奇、优美的飞行器串成一条发光的航线，从地球到太空会组成一个名字，这个名字就是——伯特·鲁坦。

1943 年 6 月 17 日，伯特·鲁坦出生于美国俄勒冈州埃斯塔卡达。从小，他并不是一个聪明、勤奋的好学生。有一年，鲁坦读了一些航天科普书籍，突然就像变了一个人似的发愤读书，最终成为举世闻名的航天工程师。

伯特·鲁坦的理想是开着飞机上太空，他专门创意设计强大、不寻常、节能的飞机。从事飞机设计 45 年，鲁坦设计的每一架飞机和太空飞行器都与它们的前辈非常不同，可以说每一架都别出心裁、震撼世界。虽然鲁坦的设计一架比一架独特，但它们都有一个共同特点：漂亮的流线型，非常符合空气动力学和空间动力学。航空航天专家因此称赞伯特·鲁坦：他不像设计师，更像一位雕塑家。鲁坦曾独立想象和设计出 367 种飞行器，其中 45 种飞上了蓝天。

鲁坦是世界知名的航空航天传奇天才：他设计了第一架环球不停留飞机"旅行者"号，以及 2004 年赢得安萨里 X 大奖的"太空船 –1"号亚轨道太空飞机、漂亮得令人窒息的"太空船 –2"号、太空运输喷气机"白色骑士 –2"号等。作为经典设计，鲁坦设计的五架飞机至今陈列在美国国家宇航博物馆。鲁坦终于实现了开着飞机上太空的理想。

航天、太空探索、星际旅行，到处闪耀着人类的智慧。《人类昂首奔赴太空的 119 个伟大瞬间》描述了人类探索太空的各个里程碑事件，展示了人类强大的想象力和创造力，更赞扬了正确的人生观、价值观和世界观。尽管航天具有极大的风险和失败概率，但失败乃成功之母，失败也是一种伟大。

梦想照耀太空。航天与科学将点燃你的思想火花，激发你的梦想和理想。人类航天已经 50 多年，未来的宏伟目标是太空旅游、捕获小行星、登陆火星和冲出太阳系。火星宇航员的选拔训练已经开始，全世界小朋友都想搭乘飞往火星的飞船，因为谁都想说：2025 年，火星上见！

刘进军

2014 年 7 月

图书在版编目（CIP）数据

人类昂首奔赴太空的 119 个伟大瞬间/路甬祥主编；刘
进军著. —杭州：浙江少年儿童出版社，2014.9（2024.5
重印）
ISBN 978-7-5342-8168-6

Ⅰ.①人… Ⅱ.①路…②刘… Ⅲ.①航空学-少儿读
物②航天学-少儿读物 Ⅳ.①V-49

中国版本图书馆 CIP 数据核字（2014）第 148072 号

责任编辑　沈晓莉
封面设计　艺诚文化
责任印制　王　振

人类昂首奔赴太空的 119 个伟大瞬间

RENLEI ANGSHOU BENFU TAIKONG DE 119 GE WEIDA SHUNJIAN

路甬祥 主编 / 刘进军 著

浙江少年儿童出版社出版发行
（杭州市环城北路 177 号）

杭州富春印务有限公司印刷　　全国各地新华书店经销
开本 710mm×980mm　1/16　印张 23　字数 270000　印数 66001—70000
2014 年 9 月第 1 版　　2024 年 5 月第 15 次印刷

ISBN 978-7-5342-8168-6　　　　定价：**40.00** 元
（如有印装质量问题，影响阅读，请与购买书店或承印厂联系调换）
承印厂联系电话：0571-64362059